室内设计师岗位技能

Photoshop CS6

实训教程

朱婧　翁倩　主　编

高妍　张越　副主编

化学工业出版社

·北京·

本书是一本项目案例教程，根据室内设计师职业岗位对Photoshop软件的操作使用要求，选取行业内最常使用的Photoshop CS6做为软件的讲授主体。共分为三个部分。

第一部分：Photoshop CS6基础概述部分；在这一部分中主要针对Photoshop CS6软件本身进行了相关的介绍，并阐述了Photoshop CS6软件在室内设计专业中的应用。这一部分的实训项目环节，主要通过多个项目案例进一步讲授了Photoshop CS6的一些基础命令的讲解和操作，通过基础命令的讲解为后续的操作打下基础。

第二部分：Photoshop CS6复合命令操作部分；这一部分是在基础命令操作的基础上，结合专业需要选取软件中的"图层、路径、通道、蒙版"四个编辑命令环节讲授其在室内设计专业中的使用。

第三部分：Photoshop CS6实训案例部分：这一部分是将室内设计行业中常用案例进行了整合，结合室内设计专业特点，选取了室内设计专业中常用的"平面构成、色彩构成、手绘效果图制作、室内平面图制作、效果图后期处理、室内软装配饰方案制作"几块内容，以项目实训案例的形式详细讲解Photoshop CS6在室内设计专业中的使用。

图书在版编目（CIP）数据

室内设计师岗位技能：Photoshop CS6实训教程/朱婧，翁倩主编. —北京：化学工业出版社，2018.7
ISBN 978-7-122-32237-1

Ⅰ．①室…　Ⅱ．①朱…②翁…　Ⅲ．①室内装饰设计-计算机辅助设计-图象处理软件-教材　Ⅳ．①TU238.2-39

中国版本图书馆CIP数据核字（2018）第112649号

责任编辑：李彦玲　　　　　　　　　　文字编辑：姚　烨
责任校对：王　静　　　　　　　　　　装帧设计：王晓宇

出版发行：化学工业出版社（北京市东城区青年湖南街13号　邮政编码100011）
印　　装：北京瑞禾彩色印刷有限公司
787mm×1092mm　1/16　印张10½　字数270千字　2018年9月北京第1版第1次印刷

购书咨询：010-64518888（传真：010-64519686）　　售后服务：010-64518899
网　　址：http://www.cip.com.cn
凡购买本书，如有缺损质量问题，本社销售中心负责调换。

定　　价：49.80元

前言
FOREWORD

随着计算机科技的迅猛发展，二维、三维技术的持续走高，电脑绘图越来越被广泛应用到各个领域，尤其是随着装饰装潢的普及，室内设计已然成为黄金行业，计算机绘图在室内设计中起到了不可或缺的作用，成为室内设计表现设计方案和设计理念的重要手段。Photoshop CS6是Adobe公司开发的一个跨平台的平面图像处理软件，是设计专业人员的首选软件，是目前应用最广泛的图像处理软件。Photoshop CS6软件在室内设计专业中的作用是不可替代的，它对室内设计方案的作用也是不可忽视的。

目前，市场上有很多Photoshop CS6的实训类教材，书中大多的内容是停留在软件讲解和画面案例的介绍上。即使有关于室内设计专业案例方面的讲解，也都只是单纯地停留在效果图后期处理和彩色平面图制作这两个方面。为了更有针对性地讲解Photoshop CS6在室内设计专业中的应用，笔者编写了《室内设计师岗位技能——Photoshop CS6实训教程》一书。

全书共分为三个主要部分，主要选取了室内设计职业中经常使用的项目案例，采用项目案例分步讲解的方式，结合室内设计职业要求来讲授软件的相关操作命令。在讲授软件操作的同时，讲解步骤详尽且通俗易懂，并穿插相关的室内设计专业知识，非常有利于室内设计行业的初学者学习和掌握软件应用。本书针对室内设计师职业岗位所应掌握的设计构成制作技巧、手绘效果图处理、效果图后期处理、彩色平面图制作、软装配饰方案制作进行了专门讲解。使其满足岗位对于Photoshop CS6软件操作的技能要求。

本书主编为朱婧、翁倩；副主编为高妍、张越；参编人员有于淼、赵晶莎。具体分工如下：

第一部分由朱婧、张越、赵晶莎、翁倩编写，第二部分由朱婧、高妍编写，第三部分由朱婧、翁倩编写，朱婧、于淼、翁倩对全书进行了统稿，并对本书部分章节的内容、资料及图片进行了二次修订。

本书所选用的配图一部分为编者收集的资料、照片及师生设计作品，一部分借鉴了国内外有关的设计作品，有的已难以查找来源。在此，谨对以上设计类网站、设计公司及原作者表示由衷的感谢！

由于编者水平有限，书中疏漏之处在所难免，敬请读者批评指正。

编　者
2018年5月

目录
CONTENTS

一、Photoshop CS6简介　/ 002

二、Photoshop CS6在室内设计专业中的应用　/ 002

三、Photoshop CS6新功能介绍　/ 002

四、Photoshop CS6安装要求　/ 004

五、Photoshop CS6基础项目实训　/ 004

　　项目1：掌握Photoshop CS6中的基本概念　/ 004

　　项目2：认识工具栏与界面　/ 005

　　项目3：Photoshop CS6工具栏的使用　/ 007

第一部分

**Photoshop CS6
基础概述**

001

一、图层的应用　/ 034

　　1.图层的基本概念　/ 034

　　2.图层的类型　/ 034

　　3.Photoshop CS6"图层"项目实训　/ 034

　　项目1：图层的基本操作　/ 034

　　项目2：色彩原理和图层的混合模式　/ 038

　　项目3：图层的样式　/ 048

二、路径的应用　/ 056

　　1.Photoshop CS6"路径"的概念及特点　/ 056

　　2.Photoshop CS6"路径"项目实训　/ 056

　　项目1：利用钢笔工具绘制路径　/ 056

　　项目2：利用多边形工具绘制路径　/ 061

三、通道和蒙版应用　/ 063

　　1.通道与蒙版的概念　/ 063

　　2.Photoshop CS6"通道、蒙版"项目实训　/ 063

　　项目1：通道、蒙版基础命令操作　/ 063

　　项目2：利用"通道"为效果图添加特效　/ 065

第二部分

**Photoshop CS6
复合命令操作**

033

一、基础案例 / 069

　　项目1：平面构成制作项目 / 069

　　项目2：室内设计手绘效果图的制作与编辑 / 081

　　项目3：色彩构成制作项目 / 092

二、实操案例 / 097

　　项目1：房地产室内彩色平面宣传图制作 / 097

　　项目2：室内设计效果图后期处理 / 115

　　项目3：室内软装配饰设计方案制作 / 145

第三部分

Photoshop CS6
实训案例

068

第一部分

Photoshop CS6
基础概述

一、Photoshop CS6 简介

二、Photoshop CS6 在室内设计专业中的应用

三、Photoshop CS6 新功能介绍

四、Photoshop CS6 安装要求

五、Photoshop CS6 基础项目实训

本部分主要向读者介绍Photoshop CS6软件在室内设计行业中的具体应用。通过本部分的学习，读者可以快速了解Photoshop CS6软件的基本概念、基础操作知识及其新功能命令方面的内容。

一、Photoshop CS6简介

Adobe Photoshop CS6是Adobe公司开发的一个跨平台的平面图像处理软件，是Adobe公司旗下最出名的图像处理工具之一。Photoshop CS6是Adobe Photoshop的第13代，简称"PS"。 Adobe Photoshop CS6是设计专业人员的首选软件，无论是图像处理、美工设计，还是非专业人士娱乐，都可以使用Adobe Photoshop CS6。它的功能十分强大，可以进行图像扫描、编辑修改、图像制作、广告创意等，是目前应用最广泛的图像处理软件。

Photoshop CS6主要处理以像素所构成的数字图像。使用其众多的编修与绘图工具，可以有效地进行图片编辑工作。Photoshop CS6有很多功能，在图像、图形、文字、视频、出版等各方面都有涉及。Photoshop CS6目前主要应用于平面设计、网页设计、数码暗房、建筑效果图后期处理以及影像创意等多个领域。

二、Photoshop CS6在室内设计专业中的应用

Photoshop CS6软件在室内设计专业中的应用主要有创意表现、平面图制作、效果图后期、透视图制作等方面。所谓创意表现主要是指利用Photoshop CS6软件制作或编辑设计创意作品，如平面构成、色彩构成设计、手绘效果图等创意作品的制作或后期处理。

平面图制作是指在AutoCAD绘制的室内平面图的基础上，为其添加上颜色效果，使其图像效果更逼真，形象更为生动，可以方便非专业人士了解设计，也便于设计师和客户之间沟通。在房地产行业中基本上都是采用彩色平面图的形式展示其户型设计。

除了彩色平面图的绘制外，Photoshop CS6软件主要用来处理室内透视效果图的后期图像效果。对于后期图像效果的处理主要集中在后期配景，材质处理、调整画面色彩、光效等。

三、Photoshop CS6新功能介绍

Photoshop CS6在新的版本中添加"Mercury 图形引擎、内容识别修补"等功能，使软件的操作更加便捷。

■Mercury图形引擎

全新的"Adobe Mercury 图形引擎"拥有前所未有的响应速度，利用引擎可以使一些命令的编辑呈现即时编辑效果。

■内容识别修补

使用"内容识别修补"功能修补图像，使您能选择示例区域，使用"内容识别修补"制作出神奇的修补效果。

■全新和改良的设计工具

应用文字样式以产生一致的格式、使用矢量图层应用笔划并将渐变添加至矢量目标，创建自定义笔划和虚线，快速搜索图层等。

■全新的 Blur Gallery

使用简单的界面，借助图像上的控件快速创建照片模糊效果。创建倾斜偏移效果，模糊所有内容，然后锐化一个焦点或在多个焦点间改变模糊强度。

■全新的裁剪工具

使用全新的非破坏性裁剪工具快速精确地裁剪图像。在画布上控制您的图像，并借助 Mercury 图形引擎实时查看调整结果。

■现代化用户界面

使用全新典雅的 Photoshop 界面，深色背景的选项可凸显您的图像，数百项设计改进提供更顺畅、更一致的编辑体验。

■直观的视频创建

使用 Photoshop 的强大功能来编辑您的视频素材。使用熟悉的各种工具轻松地处理任意剪辑，然后使用一套直观的视频工具制作影像。

■预设迁移与共享功能

轻松迁移您的预设、工作区、首选项和设置，以便在所有计算机上都能以相同的方式体验 Photoshop，共享您的设置，并将您在旧版中的自定设置迁移至Photoshop CS6 中。

■自适应广角

轻松拉直全景图像或使用鱼眼或广角镜头拍摄的照片中的弯曲对象。全新的画布工具会运用个别镜头的物理特性自动校正弯曲，而 Mercury 图形引擎可让您实时查看调整结果。

■后台存储

即使在后台存储大型的 Photoshop 文件，也能同时让您继续工作，改善性能以协助提高您的工作效率。

■自动恢复

自动恢复选项可在后台工作，因此可以在不影响您操作的同时存储编辑内容。每隔10分钟存储您工作内容，以便在意外关机时可以自动恢复您的文件。

■改进的自动校正功能

利用改良的自动弯曲、色阶和亮度/对比度调整您的图像。智能内置了数以千计的手工优化图像，为修改奠定基础。

■Adobe Photoshop Camera Raw 7 增效工具

借助改良的处理和增强的控制集功能帮您制作出最佳的 JPEG 和初始文件；展示图像重点说明的所有细节的同时仍保留阴影的丰富细节等。

四、Photoshop CS6安装要求

Photoshop CS6适合安装在Pentium 4或AMDAthlon 64处理器Microsoft Windows XPServicePack3或Windows7ServicePack1下。

Adobe CreativeSuite 5.5和CS6应用程序也支持Windows8。

1GB内存。

1GB可用硬盘空间用于安装；安装过程中需要额外的可用空间（无法安装可移动闪存设备上）。

1024×768分辨率（建议使用1280×800），16位颜色和256MB（建议使用512MB）的显存。

支持OpenGL2.0系统DVD-ROM驱动器。

五、Photoshop CS6基础项目实训

项目1：掌握Photoshop CS6中的基本概念

（1）Photoshop CS6中的基本概念

■ 位图："位图"在技术上称为栅格图像，它使用像素来表现图像。选择 "缩放"工具，在视图中多次单击，将图像放大，可以看到图像是由一个个的像素点组成的，每个像素都具有特定的位置和颜色值。"位图"图像最显著的特征就是它们可以表现颜色的细腻层次。基于这一特征，"位图"图像被广泛用于照片处理、数字绘画等领域。

■ 矢量图："矢量图"也称为向量图形，是根据图形的几何特性来描绘图像。矢量文件中的图形元素称为对象，每个对象都是一个自成一体的实体。使用 "缩放"工具将图像不断放大，此时可看到"矢量图"仍保持为精确、光滑的图形。

■ 分辨率："分辨率"简单讲即是电脑图像呈现的清晰程度。图像尺寸与图像大小及分辨率的关系：如图像尺寸大，分辨率大，文件较大，所占内存大，电脑处理速度会慢，相反，任意一个因素减少，处理速度都会加快。

■ 通道：很多读者对于"通道"的概念都感到困惑不解。其实它很简单，其代表了图像中色彩的区域。一般来说一种基本色为一个通道，例如：RGB颜色模式，R为红色，代表图像中的红色范围；G为绿色，代表图像中的绿色范围；B为蓝色，代表图像中的蓝色范围。

图层："图层"就像把一张张透明拷贝纸叠放在一起，由于拷贝纸的透明特征，使图层上没有图像的区域透出下一层的内容。

（2）Photoshop CS6中图像的色彩模式

■ RGB彩色模式：是屏幕显示的最佳颜色，又叫加色模式。由红、绿、蓝三种颜色组成，每一种颜色可以有0～255的亮度变化。

■ CMYK彩色模式：由品蓝，品红，品黄和黄色组成，又叫减色模式。一般打印

输出及印刷都是这种模式，所以打印图片一般都采用CMYK模式。

■Lab彩色模式：这种模式通过一个光强和两个色调来描述，一个色调叫a，另一个色调叫b。它主要影响着色调的明暗。

■索引颜色模式：这种颜色下图像像素用一个字节表示它最多包含有256色的色表储存并索引其所用的颜色，它图像质量不高，占空间较少。

■灰度模式：即只用黑色和白色显示图像，像素0值为黑色，像素255为白色。

■位图模式：像素不是由字节表示，而是由二进制表示，即黑色和白色由二进制表示，从而占磁盘空间最小。

（3）熟悉快捷键的使用

在使用Photoshop CS6工作时，熟练地使用快捷键有许多好处：①提高工作效率；②可以全屏的方式工作，使视野更开阔；③可以更好地将精力集中在作品上。那么怎样才能了解每个命令相对应的快捷键呢？下面我们就来了解一下。

首先在"工具箱"中，将鼠标移动到工具按钮的上方停留片刻，便可显示工具的名称和快捷键，如图1-1所示；或者单击带有三角按钮的工具，在弹出的快捷菜单中也可查看，如图1-2所示。

项目2：认识工具栏与界面

（1）工具栏的定义（图1-3）

图1-1

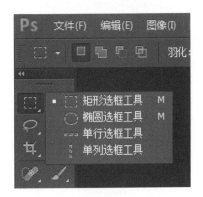

图1-2

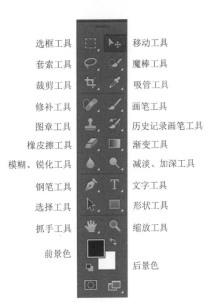

图1-3

（2）界面的定义

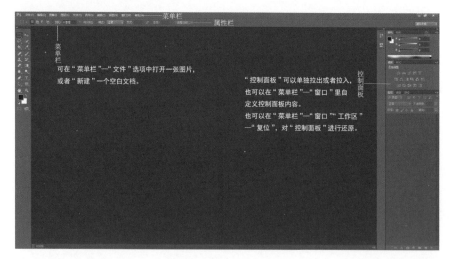

图1-4

■ 菜单栏

菜单栏包括"文件、编辑、图像、图层、文字、选择、滤镜、视图、窗口、帮助"，它囊括了Adobe Photoshop CS6中的所有命令。

当我们打开Adobe Photoshop CS6之后，可以首先对某一张已经存在的图片进行操作，也可以新建一张空白的图像。打开已经存在的图像，在"菜单栏"——"文件"——"打开"里面进行操作，如图1-4所示；而如果准备新建空白图像，则需要在"文件"——"新建"里面进行操作，如图1-5所示。

在新建空白图片的时候，我们可以对图片的属性进行选择，如图片的像素等，如图1-6所示。

图1-5   图1-6

而在我们对图片进行操作之后，同样也可以在"菜单栏"——"文件"——"保存"或者"另存为"来进行保存操作。在进行保存操作时，我们同样也可以对图像的属性进行选择，如图像的大小、质量、格式等，如图1-7、图1-8所示。

图1-7　　　　　　　　　　　　　　　　　图1-8

　　■属性栏

　　属性栏里包含着当前所选择的工具的属性，可以对当前所选择的工具的属性进行设置（图1-9）。

　　■控制面板

　　控制面板里的内容可以进行自定义操作，可以删除或者在菜单栏进行添加。控制面板的选项卡也可以单独地拉出或者拉入。当我们准备对控制面板进行还原时，则只需要对"菜单栏"——"窗口"——"工作区"——"基本功能"（默认）进行选择就可以了。

项目3：Photoshop CS6工具栏的使用

（1）属性栏的介绍与使用

图1-9

新选区选项：
该选项只允许在图像场景中存在一个选择区域。

添加到选区：
该选项允许两个或两个以上的选区存在，两个相交的选区会合而为一。

从选区减去：▣

该选项会从已被选的区域减去所选的区域。

与选区交叉：▣

该选项会选两个不同选区的相交部分。

容差：容差：32

"容差"，即"选框工具"选择近似区域时的精确性。容差值越小，精确度越高。

消除锯齿、连续、对所有图层取样：☑消除锯齿 ☑连续 □对所有图层取样

"消除锯齿"，即在使用"选框工具"选择图像时，消除某些图像的边缘部分粗糙的成像，使边缘看起来很平滑。

"连续"，即勾取"连续"来决定选取是否只选与选击点连续的像素区。

"对所有图层取样"，即我们在操作的时候一般是针对一个图层进行操作的，这样不管我们怎么操作，只会对一个图层有影响。如果勾选如果"对所有图层取样"，这时操作就不光是针对你所操作的那个图层，而是对所有的都进行选择。

（2）工具栏的介绍与使用

① 选框工具

选框工具分为矩形选框工具、椭圆选框工具、单行选框工具和单列选框工具，如图1-10所示。

图1-10

当我们使用选框工具选择图形的一部分时，我们对于图像的操作就相当于只对选择区内的部分图像进行操作。

比如，当图片的以下部分被选框工具所选择时，这个时候，我们选择"图像"——"调整"——"黑白"，可以看到，只有被选择的区域变成了黑白色，如图1-11、图1-12所示。

图1-11

图1-12

当我们对选框进行移动的时候，可以按下鼠标左键不放拖拽选框的移动操作，这个时候，我们移动的是选框本身。而当我们的鼠标工具选择了工具栏的移动工具的时候，我们所能够移动的就是被选择区域内的所有图像，而剩下的区域则被我们所选择的背景色所填充，如图1-13所示。

图1-13

值得注意的是，当我们使用矩形选框工具时，如果按下"Shift"键的同时拖动鼠标进行选框操作，我们所选的出来的区域将是一个正方行形，如图1-14所示。

图1-14

而当我们使用椭圆选框工具时，按下"Shift"键就可以选择出一个圆形的区域来，如图1-15所示。

图1-15

单行选框工具和单列选框工具就可以选择出横向或者纵向的，单位为一个像素的区域。它们的作用是在图像中制作一条直线，如图1-16所示。

图1-16

② 套索工具

"套索工具"是对图像进行选择的工具，分为套索工具、多边形套索工具和磁性套索工具，如图1-17所示。

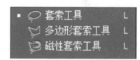

图1-17

"套索工具"，当我们选择了"套索工具"以后，按下鼠标左键，就可以划出一块任意的区域，如图1-18所示。但是由于它不能精确选择区域，所以在实际应用当中使用率不高。

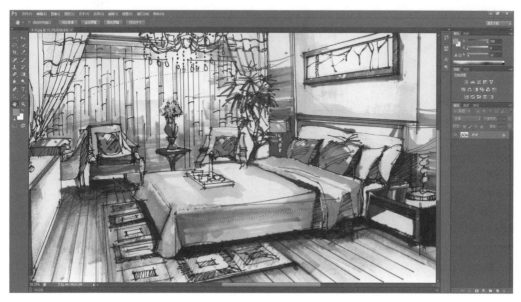

图1-18

"多边形套索工具"可以套出任意的多边形，当我们使用时，每次弯折时按下鼠标左键，就可以进行任意形状的选取，如图1-19所示。

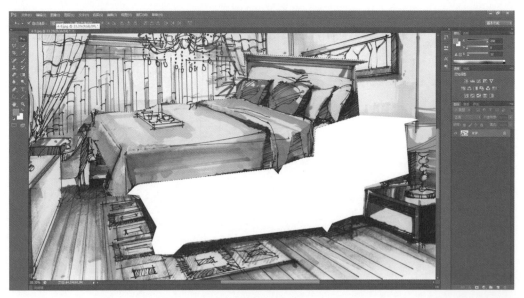

图1-19

"磁性套索工具"可以根据图像中颜色的区别来进行自动选取，如图1-20所示。

图1-20

该工具在图像组成简单、对比度明显的时候效果较好，当图像比较复杂或者对比度不明显的时候，该工具的可操控性就会很低。

③ 魔棒工具

和套索工具一样，"魔棒工具"也是对图像中的任意部分进行选取的工具。它可以选择图像中颜色相近的区域。下面通过实例介绍"魔棒工具"的使用方法。

我们首先用"魔棒工具"选取场景中的陈设品（由于陈设品的背景比陈设品本身更容易选择，那么我们就可以先行选取图片中的背景部分，然后在菜单栏的选择里进行反选，我们就可以选取陈设品了），然后点击鼠标"右键"，选择"选择反向"，就可以了，如图1-21所示。

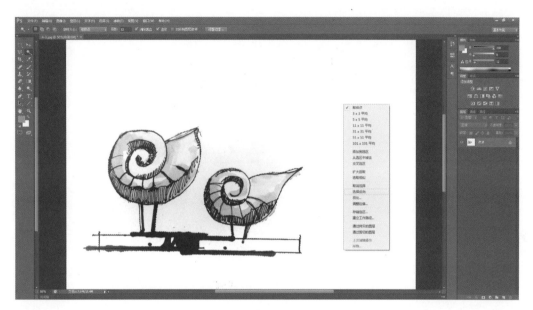

图1-21

接下来我们使用"移动"工具，将这张图拖动到另一张图中，如图1-22所示。

图1-22

④ 裁切工具

顾名思义,"裁切工具"主要是对图片进行裁切。此工具多用于将扫描或者拍照不当使图片变歪的纠正或者是将图片中不需要的部分去掉,也可以将全身照片裁切为适当像素的证件照。如:此时图片中有许多的部分是不需要的,我们就可以用"裁切工具"进行裁切和角度的调整。

裁切完成之后,按下"Enter"键,就可以完成裁切,如图1-23、图1-24所示。

图1-23

图1-24

在属性栏里，我们可以对图像的像素和分辨率进行调整，如图1-25所示。

图1-25

在上面的两个输入框中输入"××像素"或者"××厘米"就可以了。

⑤ 图章工具

图章工具分为"仿制图章工具"和"图案图章工具"，如图
1-26所示。

■ 仿制图章工具

"仿制图章工具"多用于图片的修复工作。"仿制图章工具"从图像中取样，然后将样本应用到其他图像或者同一图像的其他部分（先按下鼠标左键，然后按住"Alt"键，可以拾取采样点）。"仿制图章工具"拾取采样点之后，当我们按下鼠标左键进行工作时，拾取点的光标是跟随鼠标移动而同比例移动的，所以在修复照片的时候，我们应该在附近选区，在附近修复。

如图1-27所示，照片受损严重，我们就可以使用仿制图章工具进行修复。

这个时候我们就可以对图像进行修复，我们在受损区域的附近选取与受损区域相近的颜色，按下"Alt"键进行拾取，然后修复被损坏的区域，这种方法比较麻烦，需要不断地拾取采样点，操作过程中要有耐心。修复后的图像，如图1-28所示。

图1-27

图1-28

■ 图案图章工具

"图案图章工具"可以先自定义一个图案，然后把图案复制到图像的其他区域或其他图像上。这个工具的应用不如仿制图章工具广。使用"图案图章工具"时，我们既可以使用 Photoshop CS6 中自带的图案，也可以自定义图案。当我们自定义图案时，应当先使用"矩形选框工具" ▣ 将图案选中，然后在"编辑"——"定义图案"里面将我们选定的图案进行定义 [注意定义图案时，必须用矩形选框工具选取，并且不能带有羽化(无论是选取前还是选取后)，否则定义图案的功能就无法使用]。

如图1-29所示，对图案进行定义。

图1-29

确定之后，选择"图案图章工具"，在属性栏里选择我们自定义的图案，如图1-30所示。

图1-30

在这里选择图案，如图1-31所示。

可以看到，在属性栏里，还有画笔的设置，如图1-32所示。

图1-31

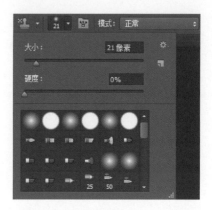

图1-32

在该设置里，可以对画笔的大小和硬度进行设置，画笔的大小很容易理解，下面是画笔硬度的区别，硬度100%时如图1-33所示，硬度0%时如图1-34所示。

图1-33

图1-34

（注意图章工具使用之后的边缘位置的区别。）

⑥ 修复工具

在Photoshop CS6中，修复工具有五类：分别是"污点修复画笔工具""修复画笔工具""修补工具""内容感知移动工具"和"红眼工具"，如图1-35所示。

我们常用的是修复画笔工具和修补工具。

图1-35

■ 修复画笔工具

"修复画笔工具"和"仿制图章工具"类似，其区别在于，仿制图章工具是对于采样点图形的完全复制，而修复工具是对图像做自动调整。以对场景中的花为对象，仿制图章工具：效果如图1-36所示，修复画笔工具效果如图1-37所示。

图1-36

图1-37

"修复画笔工具"多用于人脸的修复。我们将使用"修复画笔工具"修复人脸上的斑点。图1-38是修复前的图片。

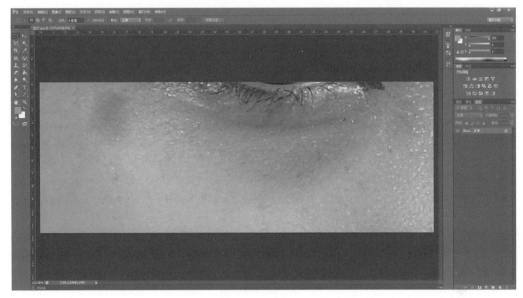

图1-38

　　我们开始使用修复画笔工具进行修复，在这里，"修复画笔工具"和"仿制图章工具"都是按下鼠标左键和"Alt键"进行采样点拾取。修复后的效果，如图1-39所示。

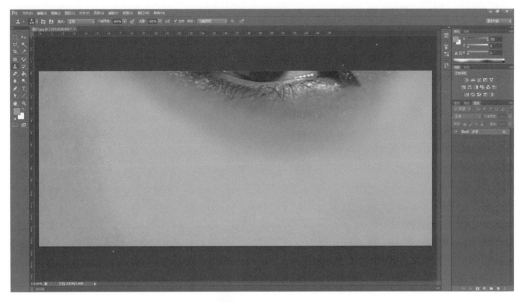

图1-39

■ 修补工具

"修补工具"适用于图片中大面积的修补。如图1-40所示我们想将图片中的花去掉。

图1-40

当我们的鼠标工具选择了"修补工具" 时,我们就可以按下鼠标左键拖出一个任意的区域,然后将该区域拖动到其他位置,这时候,我们选定位置的图像就会被我们拖动位置的图像所替代,我们先选择图中的花,如图1-41所示。

图1-41

然后将其拖动到空白的位置，就会有如图1-42的效果。

图1-42

⑦ 画笔工具

"画笔工具"分为：画笔工具、铅笔工具、颜色替换工具和
混合器画笔工具，如图1-43所示。其中，常用的是"画笔工具"
和"铅笔工具"。

图1-43

a. 画笔工具

"画笔工具"是以前景色为基础，绘制画笔状的线条。其效果如图1-44所示。

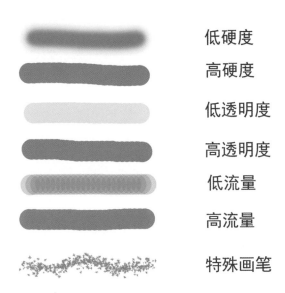

	低硬度
	高硬度
	低透明度
	高透明度
	低流量
	高流量
	特殊画笔

图1-44

画笔的样式、硬度、不透明度、流量都可以在属性栏进行设置，如图1-45所示。

图1-45

图1-46

画笔的"样式""大小"和"硬度" 在该选项的子选项里，如图1-46所示。

在这里，可以进行画笔的大小、硬度和样式的选择。而在该子选项右上角的 处，可以载入不同类型的画笔样式。而当我们想还原初始设置时，则只需在该设置里复位画笔就可以了。

b.铅笔工具

"铅笔工具"用来创建硬边手画线，效果如图1-47所示。但该工具在实际操作中并不常用。

c.颜色替换工具

当我们的鼠标选择"颜色替换工具"时，就可以选取某一个颜色来替换图片中的颜色。其效果如图1-48所示。

图1-47

图1-48

此时，将树叶的颜色替换为了我们所选择的前景色。

⑧ 历史记录画笔工具

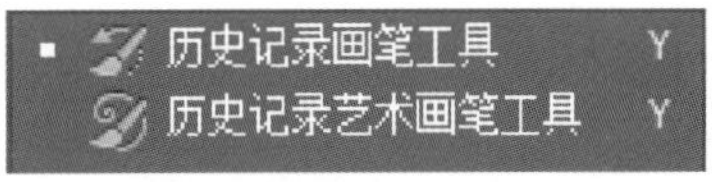

"历史记录画笔工具"分为"历史记录画笔工具"
和"历史记录艺术画笔工具",如图1-49所示。

图1-49

a.历史记录画笔工具

"历史记录画笔工具"用于恢复图像之前某一步的状态。其具体使用效果如下。我们先打开一个图片,如图1-50所示。

图1-50

然后我们可以先后对图片做:修改"色相饱和度"——"去色"——"高斯模糊"的步骤,如图1-51所示。

图1-51

那么，在历史记录面板里，就会记录下我们所进行的操作，如图1-52所示。

这个时候，我们选择"历史记录画笔工具"，当我们将"历史记录画笔工具"放置在历史记录面板不同的操作前面时，"历史记录画笔工具"就会产生该操作的效果，如图1-53、图1-54所示。

图1-52

图1-53

图1-54

b.历史记录艺术画笔工具

"历史记录艺术画笔工具"可以利用所选状态或快照，模拟不同绘画风格的画笔来绘画。"历史记录艺术画笔工具"会形成在"历史记录画笔工具"基础上的艺术效果。

二者之间的对比，如图1-55所示。

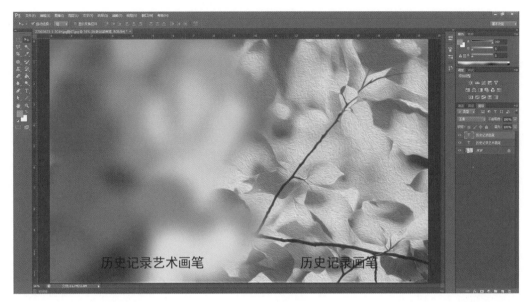

历史记录艺术画笔　　　　　　历史记录画笔

图1-55

⑨ 填充工具

"填充工具"分为"渐变工具"和"油漆桶工具",如图1-56
所示。

图1-56

a.渐变工具

"渐变工具"是"填充工具"的一种,它以渐变色填充图
片。渐变色的渐变类型共分为"线性渐变""径向渐变""角度渐
变""对称渐变"和"菱形渐变",如图1-57所示。

图1-57

在实际应用中,"线性渐变"和"径向渐变"的应用比较多。
点击 ▮▮▮▮ 打开"渐变编辑器",可以对渐
变工具的模式进行选择,如图1-58所示。

而当我们选择了某一个渐变模式的时候,
还可以进行具体的设置。鼠标右击 ▮▮▮▮ ,
可以打开具体的渐变设置,如图1-59所示。

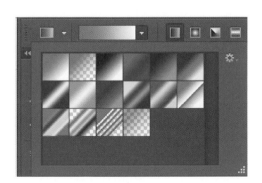

图1-58

图1-59

在 |▨| 的 ▣ 处进行移动，可以对渐变的位置进行改变。而把鼠标移动到色条处，当指针变为手状时右击鼠标，就可以进行颜色的添加。左击 ▣ ，就可以进行删除或者改变颜色。

b.油漆桶工具

"油漆桶工具"会使用前景色填充图片中我们选定的颜色相近的区域，如图1-60所示。

图1-60

在油漆桶的工具栏里有多个设置选项，如图1-61所示。

图1-61

其中，"容差值"和"魔棒工具"一样，值越大，精确度越小，工具应用范围越大。而如果使图中颜色相近但不连续的元素（如图中的叶子）全部应用油漆桶的效果，只需要将属性栏"连续的"前方的小勾去掉即可。而如果想使添加的颜色变浅，则需要在不透明度里对数值进行设置或者在"属性栏"——"模式"——"颜色"里面进行选择即可。

⑩ 文字工具

Photoshop CS6的"文字工具" ▣ 主要是在图形中添加文字。这是一个非常实用的工具。文字工具包括"横排文字工具""直排文字工具""横排蒙版文字工具""直排蒙版文字工具"，如图1-62所示。

使用"文字工具"在图形中添加文字以后，在Photoshop CS6的图层面板里就会自动添加一个文字图层，如图1-63所示。

图1-62

图1-63

同其他工具一样，文字工具在属性栏里也有很多属性选项。主要的属性选项如图1-64、图1-65所示。

图1-64

⑪ 橡皮擦工具

"橡皮擦工具"主要用来擦除图形当中的像素。它分为："橡皮擦工具""背景橡皮擦工具盒"和"魔术橡皮擦工具"，如图1-66所示。

图1-65

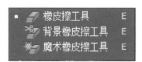

图1-66

"橡皮擦工具"会将图像中的像素擦除，代之以背景色，如图1-67所示。

图1-67

"背景橡皮擦工具盒"会将图像中的像素擦除，代之以没有任何颜色的背景，如图1-68所示。

图1-68

魔术橡皮擦工具会将图形中颜色相近的区域擦除，代之以背景，如图1-69所示。橡皮擦工具同样也可以在属性栏进行属性设置，图1-70 ~ 图1-72所示。

图1-69

图1-70

图1-71

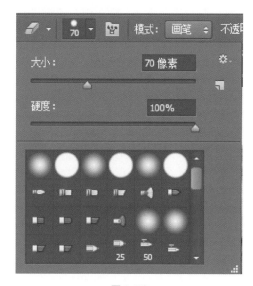

图1-72

⑫ 色调调节工具

"色调工具"分为"减淡工具""加深工具"和"海绵工具",此工具多用于图像的后期制作,如图1-73所示。

图1-73

"减淡工具"可以使图像的亮度提高,如图1-74所示。

图1-74

"加深工具"可以使图像的区域变暗,如图1-75所示。

图1-75

"海绵工具"可以增加或者降低图像的色彩饱和度,如图1-76所示。

图1-76

⑬ 图像调整工具

点击菜单栏上的"调整"——"图像",激活图像调整命令。

■ 调整——包含对图片色彩、明暗度等命令的调整。

■ 色阶——调整图片的对比度和明暗度。

■ 自动色阶——自动调整对比度和明暗度。

■ 自动对比度——自动调整对比度。

■ 自动颜色——命令通过搜索实际图像来调整图像的对比度和颜色。

■ 曲线——与色阶功能大致相同,主要通过在曲线表上添加调整点来调整图像。

■ 色彩平衡——可较直观地对图片添加各种颜色(常用)。

■ 亮度与对比度——调整图片的明暗及对比度。主要适合于色彩不多的图像。

■ 色相与饱和度——可以对各种色调和单色进行调整(常用)。

■ 去色——将图片中的所有颜色去掉,用于制作黑白图。

■ 替换颜色——把选择菜单下的颜色范围和色相与饱和度放在一起进行作用。

■ 可选颜色——用六原色与黑灰白的九种指定颜色进行调整。

■ 通道混合器——相当于对某通道单独进行调整(常用)。

■ 渐变映射——通过图片的明暗分布把指定的渐变映射到图片上产生特殊效果。

■ 反相——把图片的颜色变为相反的颜色。

■ 色调均化——把当前图进行颜色平均分布。

■ 阀值——把图片变为黑白两色,可控制黑白色比例。

调整的实际效果会在后续章节的案例介绍中详细介绍。

⑭ 模糊工具

"模糊工具"分为"模糊工具""锐化工具"和"涂抹工具",如图1-77所示。

"模糊工具"涂抹过的区域会变模糊。

"锐化工具"涂抹过的区域边角会更清晰。

"涂抹工具"可以模拟用手涂抹颜色的效果。

图1-77

⑮ 钢笔工具

"钢笔工具"属于矢量绘图工具,是绘制路径的主要工具。其优点是可以勾画平滑的曲线,在缩放或者变形之后仍能保持平滑效果。"钢笔工具"画出来的矢量图形称为路径,路径是矢量的路径允许是不封闭的开放状,如果把起点与终点重合绘制就可以得到封闭的路径。

"钢笔工具"可分为"自由钢笔工具""添加描点工具""删除描点工具""转换点工具",如图1-78所示。

"钢笔工具",可以绘制一些任意的直线及直线类的图形。

"自由钢笔工具",可以随意绘制线条及不规则的图形。

"添加锚点工具"和"删除锚点工具",可以使我们在绘制路径的过程中对绘制出的路径添加或删除锚点,单击路径上的某点可以在该点添加一个锚点,单击原有的锚点可以将其删除。如果

图1-78

未勾选此项也可以通过鼠标右击路径上的某点，在弹出的菜单中选择添加锚点或右击原有的锚点，在弹出的菜单中选择删除锚点来达到同样的目的。

"转换点工具"可以转换"锚点"的类型，可以将"锚点"在"平滑点"和"转角点"之间互相转换。

⑯ 选择工具

图1-79

"选择工具"，分为"路径选择工具"、"直接选择工具"，如图1-79所示。

a.路径选择工具

"路径选择工具"是用来选择整条路径的工具。使用的时候只需要在任意路径上点一下就可以移动整条路径。同时还可以框选一组路径进行移动。用这款工具在路径上右键还会有一些路径的常用操作功能出现，如：删除锚点、增加锚点、转为选区、描边路径等。同时按住"Alt"键可以复制路径。

b.直接选择工具

"直接选择工具"是用来选择路径中的锚点工具，使用的时候用这款工具在路径上点一下，路径的各锚点就会出现，然后选择任意一个锚点就可以随意移动或调整控制杆。这款工具也可以同时框选多个锚点进行操作。按住"Alt"键也可以复制路径。

图1-80

⑰ 多边形工具

"多边形工具"，分为"矩形工具""圆角矩形工具""椭圆工具""多边形工具""直线工具""自定形状工具"，我们可以运用这些形状来拼凑组成一些复杂的形状，如图1-80所示。

⑱ 抓手工具

"抓手工具"可以通过鼠标自由控制图像在工作区中的显示位置。"旋转视图工具"可以通过鼠标自由旋转图像，如图1-81所示。

图1-81

⑲ 缩放工具

"缩放工具" 🔍，可以快速调整图像的显示比例。

第二部分

Photoshop CS6
复合命令操作

一、图层的应用

二、路径的应用

三、通道和蒙版应用

本节主要介绍Photoshop CS6中的复合命令操作。所谓复合命令操作，是指在基础命令的操作基础上进行的更复杂的绘制编辑操作。读者通过本节的学习可以掌握图层、路径、文字、通道、蒙版四个方面的应用及编辑方法。

一、图层的应用

1.图层的基本概念

本小节主要介绍Photoshop CS6软件图层的使用方法。通过本小节的学习可以掌握图层的基本概念、图层的应用方法、图层样式的应用、图层混合模式的应用。

图层是Photoshop CS6软件中的一个重要知识点，也是构成图像的重要元素。掌握好图层的概念及其应用的基础知识才能真正掌握Photoshop CS6软件，才能真正地掌握室内设计师修改效果图的技能。

2.图层的类型

在Photoshop CS6中共有4种图层类型，分别是普通图层、文本图层、调节图层和背景图层。

普通图层：单击█，这是出现的图层便是新建图层。普通图层是最常用的图层，刚刚建好的图层，底板是透明的，可以再其上添加图像、编辑图像，并可将其随意移动位置。

文本图层：当使用文字工具时，系统会自动地新建一个图层，这个图层就是文本图层。关于文本图层的使用会在后面的实训项目中进行详解。

调节图层：单击█和█按钮，可以建立调整和图层样式图层。调整图层不是一个存放图像的图层，它的主要作用是用来控制图像的调整、图层样式的参数信息。

背景图层：背景图层是一种不透明的图层。新建文件中、时会自动以背景色的颜色来显示的图层为背景图层。当打开图片时，系统会自动将该图像定义为一个背景图层。

3. Photoshop CS6"图层"项目实训

项目1：图层的基本操作

（1）图层面板的样式（图2-1）

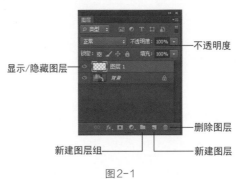

图2-1

（2）图层的基本命令操作

■ 新建图层

单击"图层"面板的"新建图层"▣按钮即可新建一个新的图层。

■ 复制图层

在图层面板里按住鼠标左键，将图层拖动到下方的新建图层处即可复制一个图层。

■ 移动图层

用鼠标点住任意"图层"，可以使其上下移动。

■ 选择图层

鼠标单击图层，图层即可被选择。如果要同时选择两个以上的图层，只要按住"Ctrl"键单击各个图层，就可以同时选择多个图层。

如果图层特别多，需要选择多个图层时，可以按住"Shift"键同时单击上下两个图层，这样上下两个图层之间的所有图层就会被选中。

■ 链接图层

按住"Ctrl"键的同时选择"图层0"和"图层1"，右键执行"链接图层"命令，这时这两个图层的旁边就会出现链接图标。这就意味着这两个图层和图层中的图像已经链接到一起了，移动时会同时移动，如图2-2所示。

如果右键点击"选择链接图层"命令，则可将链接在一起的图层同时选中。

■ 重命名图层、合并图层、图层透明度

"图层"的"重命名"非常简单，和Windows操作系统下文件的重命名类似。双击图层面板中"图层"的名称，就可以进行重命名操作，如图2-3所示。

"图层"的"合并"是指在工作完成之后，将多个不同图层保存成一个图像文件。要想将其整合成一张图片，我们就要在保存的时候选择"合并图层"直接在图层面板里右击鼠标，在右键菜单里选择"合并可见图层"即可。

图2-2

图2-3

■通过拷贝的图层

下面通过实际操作来说明一下"通过拷贝的图层"。

首先，我们打开一张图片，我们想要把其中云朵的图像单独拿出来做成一个新的图层。我们使用魔棒工具将图像选择出来，如图2-4所示。

图2-4

这个时候，我们选择菜单栏的"图层"——"新建"——"通过拷贝的图层"（或者点击鼠标右键，选择"通过拷贝的图层"），就可以建立一个以我们选定像素为基础的新图层，如图2-5所示。

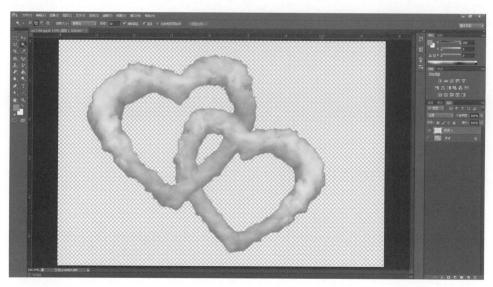

图2-5

这就是通过拷贝的图层的实际效用。

■ 调整、填充图层

调整和填充图层是比较特殊的图层操作，在这些图层中包含"图像调整"和"图像填充"命令。使用调整和填充图层，可以随时对图层中所包含的"调整"或"填充"命令进行重新设置，从而得到合理的效果。

点击"图层菜单"选择"新建填充图层",在弹出的对话框中选择"图案"选项。在弹出的对话框中设置参数如图2-6所示。

图2-6

点击"确定",选择填充的图案,如图2-7所示。

点击确定后,"图层"面板上就出现了一个新的填充图层,如图2-8所示。

选择新建的"填充图层",将其"混合模式"改为"颜色模式",这时我们会看到我们的效果图上会出现一种填充图层所具备颜色的效果,如图2-9所示。

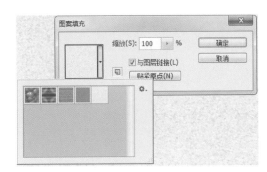

图2-7

图2-8

图2-9

项目2：色彩原理和图层的混合模式

（1）色彩原理以及RGB和CMKY色彩模式

我们的眼睛只有通过光才能看到物体的形状和颜色，从而获得了对客观事物的认识。色彩的产生有两种模式，发光配色和吸光配色。

① 发光配色

发光配色是物体通过自发光影响人的视觉从而使人眼感受到不同色彩。在发光配色时，红、绿、蓝被称为三原色。

在物理学中，光是电磁波的一部分，波长在400～750nm的光线被称为可视光线。当我们把白色的太阳光线引入三棱镜时，白色光被分解成红、橙、黄、绿、青、蓝、紫七种颜色，因而，白色光是这七种颜色混合而成的结果。这种分解现象被称为光的分解或光谱，七色光谱是按照光线的波长进行排列的。根据这个原理，人们发现了RGB色彩模式（又称加色模式），通过红（red）、绿（green）、蓝（blue）三种颜色按照不同比例和强度混合，来表现其他颜色。

在Photoshop CS6中，同样有RGB模式。例如，当我们选择前景色或者背景色的配色的时候，会有这么有个配色面板，如图2-10所示。

图2-10

其中的 就是RGB色彩模式的设置面板，R是红色，G是绿色，B是蓝色，每一项的设置都有0～255，共256种选择。

② 吸光配色

与发光配色不同的是，有些物体本身不会发光，我们之所以能够看到物体表现出不同的颜色，是因为光源色经物体表面的吸收和反射，反映到人眼不同的色彩。

在吸光配色时，品红色（洋红）、黄色、青色被称为三原色。

同样，根据吸光配色的原理，人们发现了CMYK色彩模式。CMYK色彩模式又称为减色模式，是一种依靠反光的色彩模式，它模拟白光被物质吸收部分色光后的反射光，主要应用于印刷行业。

同RGB模式一样，在Photoshop CS6的拾色器里也有CMYK选项，如图2-11所示。

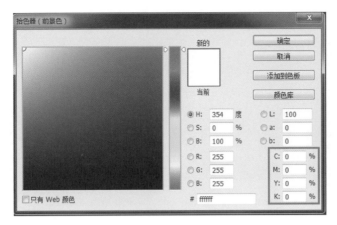

图2-11

它是通过百分比来表示的，程度从1%～100%。

③ 颜色模式的转换

由于RGB模式基于发光配色原理，在显示器上使用；而CMYK模式基于吸光配色原理，在印刷过程中使用。且因为印刷油墨工艺的限制，导致了RGB模式的图片不能在CMYK印刷中很好地表示。这就要求我们将准备打印的图片转换成CMYK模式。

这是一张RGB模式的图片，如图2-12所示。

图2-12

选择"视图"——"色域警告"。

这时候，图片的某些区域变成了灰色，它表示在CMYK模式中，不能被表示出的颜色。我们如果使用这张图片去打印，灰色区域就会被打印机使用其他颜色来代替，造成图像失真，如图2-13所示。

所以，为了避免这种情况的发生，我们选择"图像"—"模式"—"CMYK"颜色，就会把配色模式转换成CMYK模式，这时候，再打开色域警告，就会发现，原来灰色的区域已经不见了，如图2-14所示。

图2-13

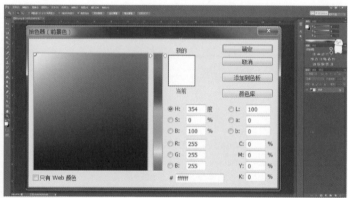

图2-14

图2-15

这时候去打印，就可以避免失真了。

（2）图层的混合模式

图层的混合模式主要用于制作两个或两个以上图层的混合效果，不同图层的混合模式决定当前图层的像素如何与图像中的下层像素进行融合。灵活的运用各种图层混合模式可以获得出色的画面效果。在效果图修改中，合理运用混合模式能够起到很大的作用，尤其是在光色的调整和材质的调整上作用最为明显。

图层的混合模式有多种，系统默认正常模式。我们点击"图层面板"中的图层混合模式下拉菜单，就可以选择不同的混合模式，如图2-15所示。

① 溶解模式

打开两张样图1和样图2，使用移动工具选中这两个文件的文件标题栏向下拖拽，如图2-16所示。

用"移动工具"  将"样图2"移动至"样图1"中，如图2-17所示。

图2-16   图2-17

选择"图层1"将混合模式改为"溶解"，设置不透明度为"60%"，如图2-18所示。

② 变暗模式

选择"变暗模式"会使上下两层的像素进行比较，以上方图层较暗的像素代替下方图层中与之相对应的较亮像素，图层中亮的像素替换，而较暗的像素不变，从而使整个图像变暗，如图2-19所示。

图2-18   图2-19

③ 正片叠底模式

选择"正片叠底"模式，会使上下两个图层的颜色都变暗，在这个模式中，黑色和任何颜色混合之后还是黑色。而任何颜色和白色混合，颜色不会改变。"正片叠底"模式的特点决定它可以很好地纠正图片的曝光模式，如图2-20所示。

④ 颜色加深模式

"颜色加深"模式与"正片叠底"模式效果接近，可以使图层的亮度降低、色彩加深，将底层的颜色变暗反应当前图层的颜色，与白色混合后不产生变化，如图2-21所示。

图2-20　　　　　　　　　　　　　　图2-21

⑤ 线性加深模式

使用"线性加深"模式减小底层的颜色亮度从而反映当前图层的颜色，与白色混合后不产生变化，其作用和颜色加深类似，如图2-22所示。

⑥ 深色模式

"深色"模式是将当前图层和底层颜色相比较，将两个图层中相对较暗的像素创建为结果色，如图2-23所示。

图2-22　　　　　　　　　　　　　　图2-23

⑦ 变亮模式

"变亮"模式作用与"变暗"模式相反，它以上方图层中较亮像素代替下方图层中与之相对应的较暗像素，且下方图层中的较亮区域代替上方图层中的较暗区域，从而使整个图像产生变亮的效果，如图2-24所示。

⑧ 滤色模式

"滤色"模式是"正片叠底"模式的逆运算，混合后得出较亮的颜色。如果复制同一图层并对处于上方的图层应用"滤色"模式，可以加亮图像。在增亮图像的同时使图像具有梦幻般的效果，如图2-25所示。

图2-24   图2-25

⑨ 颜色减淡模式

"颜色减淡"模式的原理为上方图层的像素值与下方图像的像素值采取一定的算法相加，"颜色减淡"模式的效果比"滤色"模式的效果更加明显，如图2-26所示。

⑩ 线性减淡模式（添加）

"线性减淡"模式会加亮所有通道的基色，并通过降低其他颜色的亮度来反应混合颜色，此模式对黑色无效，如图2-27所示。

图2-26   图2-27

⑪ 浅色模式

"浅色"模式和"深色"模式相反，使用该模式将当前图层和底层颜色相比较，将两个图层中相对较亮的像素创建为结果色，如图2-28所示。

⑫ 叠加模式

"叠加"模式最终的成像效果要取决于下方图层，但上方图层的明暗对比效果也将直接影响到整体效果，叠加后下方图层的亮度区与阴影区仍被保留，如图2-29所示。

图2-28

图2-29

⑬ 柔光模式

"柔光"模式将根据上下图层的图像，使图像的颜色变亮或变暗。变化的程度取决于图片像素的明暗程度，如果上方图层的像素比较亮，则图像变亮，反之，图像变暗，如图2-30所示。

⑭ 强光模式

"强光"模式产生的效果与灯光直接照射在物体表面的效果相似，它是根据当前图层的颜色使底层更为浓重或更为减淡，这取决于当前图层上颜色的亮度，如图2-31所示。

图2-30

图2-31

⑮ 亮光模式

"亮光"模式是通过增加或减小底层的对比度来加深或减淡颜色的,如图2-32所示。

⑯ 线性光模式

"线性光"模式是通过增加或减小底层的亮度来加深或减淡颜色的,具体取决于当前图层的颜色,如图2-33所示。

图2-32   图2-33

⑰ 点光模式

"点光"模式是通过置换颜色像素来混合图像的,如果混合颜色较亮,则原图像暗的像素就会被置换,而亮的像素则无变化。如果混合颜色较暗,则原图像亮的像素就会被置换,而暗的像素则无变化,如图2-34所示。

⑱ 色相混合模式

"色相混合"模式的最终成像效果由下方图层的"亮度"和"饱和度"值及上方图层的"色相"值构成,但是针对黑白灰不起作用,如图2-35所示。

图2-34   图2-35

⑲ 饱和度混合模式

"饱和度混合"模式的最终成像效果由下方图层的"亮度"和"色相"值及上方图层的"饱和度"值构成。"饱和度"对于图像的影响与色彩本身没有关系，但是和图像的"饱和度"有关系，如图2-36所示。

⑳ 颜色模式

"颜色"模式是用底层颜色的"亮度"以及当前图层的"色相饱和度"创建出来的，这样可以保留图像中的灰阶。使用该模式给单色图像上色和给彩色图像着色都非常有用，如图2-37所示。

图2-36   图2-37

㉑ 明度模式

"明度"模式是用背景色的色相和饱和度以及当前图层的亮度来创建图像的，如图2-38所示。

㉒ 差值模式

"差值"模式是将底层的颜色和当前图层的颜色相互抵消，以产生一种新的颜色效果。该模式与白色混合将反转背景的颜色，与黑色混合则不产生变化，如图2-39所示。

图2-38   图2-39

㉓ 排除模式

"排除"模式可以产生一种与"差值"模式相似但对比度较低的效果。与白色混合会使底层颜色产生相反的效果，与黑色混合不产生变化，如图2-40所示。

㉔ 减去模式

"减去"模式是从基色中减去混合色。如果出现负值就剪切为0。与基色相同的颜色混合得到黑色，白色与基色混合得到黑色，黑色与基色混合得到基色，如图2-41所示。

| 图2-40 | 图2-41 |

㉕ 划分模式

"划分"模式主要是使用基色分割混合色。基色值大于等于混合色值，混合后的颜色为白色。基色值小于等于混合色值，混合后的颜色比基色更暗。因此最后的图像效果对比非常强烈，如图2-42所示。

图2-42

项目3：图层的样式

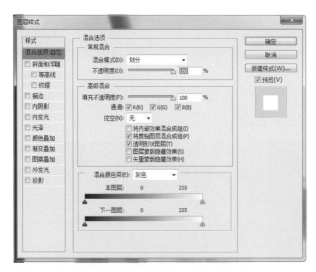

图2-43

（1）图层样式的作用及分类

"图层样式"是针对图层所进行的一系列效果应用的操作，利用这些"图层样式"完成各种图像效果。

选择需要添加"图层样式"的图层，点击"图层样式"按键 ，就可以激活"图层样式"命令。在菜单栏中点击"图层"——"图层样式"——"混合选项"命令，即可以打开"图层样式"对话框，从中可以针对"图层样式"进行选择和设置，如图2-43所示。

Photoshop CS6中图层样式一共有10种表现效果，下面我们分别对其进行详细的讲解。

（2）图层样式详解

① 投影样式

"投影"样式，主要是为图像添加阴影效果，可以给图层、文字、按钮、边框等图形或图像加上投影的效果，使得画面产生立体感。"投影"样式是图层样式中最常用的一种样式，如图2-44所示。

图2-44

"投影"样式选项组下主要包括了"结构"和"品质"2个选项组，可以分别对投影的样式、大小、透明度、角度、距离等内容进行调整，如图2-45所示。

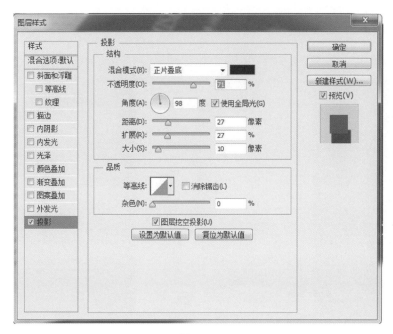

图2-45

② 内投影样式

　　"内投影"样式用于为图像添加内阴影效果，使图像具有凹陷效果，那些碎鸡蛋、人体裂痕的制作都少不了它，如图2-46所示。

图2-46

③ 外发光样式

"外发光"样式可以为图像的边缘增加发光效果，在对话框中设置可以得到两种不同的发光效果，即纯色光、渐变光。在适当参数下可以发出黑色光（需要将混合模式设置为正片叠底），如图2-47所示。

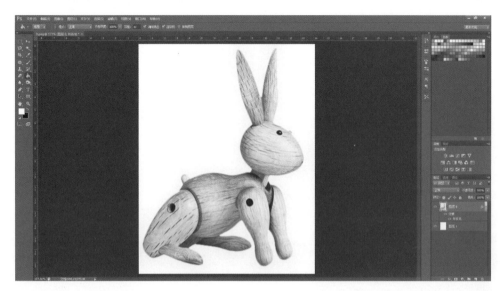

图2-47

④ 内发光样式

"内发光"样式可以在图像的边缘内增加一个发光效果。内发光对话框设置与外发光相同，只是在"图素"部分多了对光源位置的选择。其中"居中"的作用是发光从中心开始，而"边缘"作用是发光从边缘向内进行，如图2-48所示。

图2-48

⑤ 斜面和浮雕样式

"斜面和浮雕"样式可以为图像添加立体感。"斜面和浮雕"样式对话框主要包含了"结构"和"阴影"2个选项组。其中包含"样式、方法、深度、方向、软化、高光模式、阴影模式、光泽等高线、等高线、纹理"等多个设置参数，如图2-49所示。

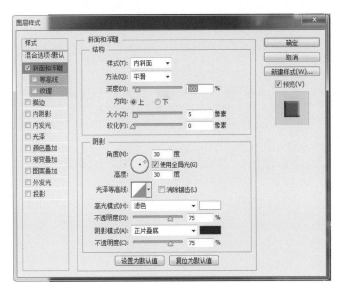

图2-49

其中，浮雕效果之内斜面这个常用，主要应用在字体处理上。记得在处理字体是选择"雕刻清晰"就好了，如图2-50所示。

图2-50

外斜面制造隆起，外斜面的隆起是基于背景使对象抬升，如图2-51所示。

图2-51

浮雕效果则是在对象内部制造立体感，如图2-52所示。

图2-52

枕状浮雕可能是真正意义上的浮雕，它的最高点与背景相同的，如图2-53所示。

图2-53

⑥ 光泽样式

"光泽"样式适用于创建光滑的磨光或金属效果。如图2-54所示。

图2-54

⑦ 颜色叠加样式

"颜色叠加"样式是为图层内容添加颜色叠加效果，是给字体或者对象变色的另一个捷径，对比处理效果如图2-55所示。

图2-55

⑧ 渐变叠加样式

"渐变叠加"样式是为图层内容添加渐变的叠加效果，对比处理效果如图2-56所示。

图2-56

⑨ 图案叠加样式

"图案叠加"样式是为图层内容添加图案的叠加效果,对比处理效果如图2-57所示。

图2-57

⑩ 描边样式

"描边"样式就是沿着图像的边缘,使用颜色、渐变、图案3种方式勾画出图像的轮廓。这个描边比"编辑"里面的描边功能强大,图案、渐变、颜色都可以设置为描边,如图2-58所示。

图2-58

这些样式需要我们自己慢慢调节运用，用好了会出现无数意想不到的效果。

二、路径的应用

1. Photoshop CS6 "路径"的概念及特点

路径由一个或多个直线段或曲线段组成。路径的形状是由锚点控制的，锚点标记路径段的端点。在曲线段上，每个选中的锚点显示一条或两条方向线，方向线以方向点结束。方向线和方向点的位置确定曲线段的大小和形状。移动这些元素将是改变路径中曲线的形状。路径可以是闭合的，没有起点或终点（如图），也可以是开放的，有明显的端点（如波浪线）。

路径功能：利用Photoshop提供的路径功能，我们可以绘制线条或曲线，并可对绘制的线条进行填充和描边，完成一些绘画工具无法完成的工作。

路径特点：路径的特点是，它是矢量的，可以随意变换大小。而且它是单独存在的，不存在于任何图层，需要在哪个图层进行，即选择哪个图层使用路径就行。

2. Photoshop CS6 "路径"项目实训

本节主要详细讲解如何利用"钢笔工具、多边形工具"绘制路径，及如何使用路径选择工具调整编辑路径。

项目1：利用钢笔工具绘制路径

"钢笔工具"的定义及类型在第一部分已经详细地介绍过了，这里不再重复讲解。下面我们重点讲解利用"钢笔工具"绘制路径后的编辑调整工作。

（1）利用"钢笔工具"绘制路径

① 直线路径

"文件—新建"新建一个图像，选择"钢笔工具"，点击鼠标左键，绘制出第一个路径点——"锚点"。在路径结束的位置再次点击鼠标左键，定下路径的终点。这时会形成一条直线的路径，路径两端分别有两个"锚点"，起点为"空心"，终点为"实心"。

继续在画面上确定"锚点"，当光标回到起点的"锚点"时，光标的右下角会出现一个小圆圈，单击右键结束绘制，这时我们会得到一个封闭的路径。

② 曲线路径

选择"钢笔工具"，在画面上单击鼠标左键设定起点"锚点"，注意这时不要松开鼠标，直接拖动鼠标。然后放开鼠标，得到起点"锚点"。

按住鼠标绘制下一个"锚点"，然后拖拽鼠标就可绘制出一段曲线路径，如图2-59所示。

（2）路径选项栏详解

① 基础路径选项栏

选择"钢笔工具"后，菜单栏下方就会出现"路径选项栏"。我们可以通过"路径选项栏"选择"路径工具、绘制方式、自动添加/删除、修改路径方式、橡皮带"等多种编辑模式，如图2-60所示。

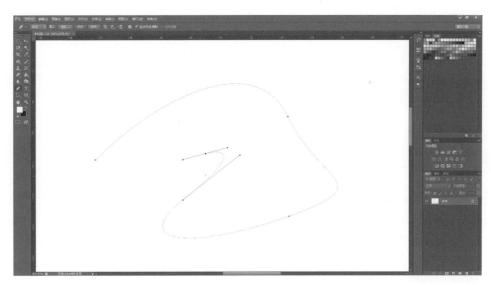

图2-59

图2-60

② 形状路径选项栏

在"路径选项栏"上选择"形状工具",选项栏会自动多出"填充、描边、对齐边缘"等选项,如图2-61所示。

图2-61

（3）利用"自由钢笔工具"绘制路径

"钢笔工具"和"自由钢笔工具"之间的区别就相当于多边形套索和套索的区别。"自由钢笔工具"只需要随意在画面上点击,就可自动绘制出"锚点"和路径。

它的工具栏相比"钢笔工具"多了"磁性"功能,如图2-62所示。

图2-62

勾选"磁性的"功能后,"自由钢笔工具"就变为"磁性钢笔",光标也会发生变化。"磁性钢笔"与"磁性套索"的作用类似,都是自动寻找物体边缘的工具,对于颜色区分比较大的物体特别有用。下面我们就以一个小例子来详细看下它的操作方式。

打开一张样图,选择"自由钢笔工具",在样式面板上勾选"磁性的",激活"磁性"功能,如图2-63所示。

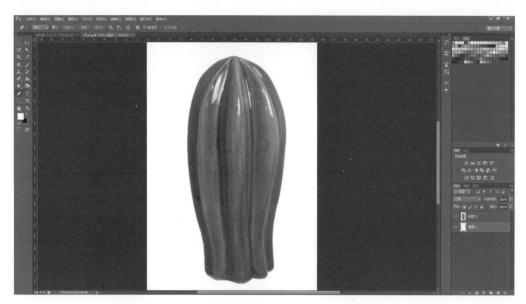

图2-63

在画面中沿着图中物体的边缘拖动，得到路径如图2-64所示。在绘制路径时要注意，在遇到物体的转折处时，一定要点击下鼠标左键，为路径添加"锚点"，这样也有利于我们后期对路径的编辑。

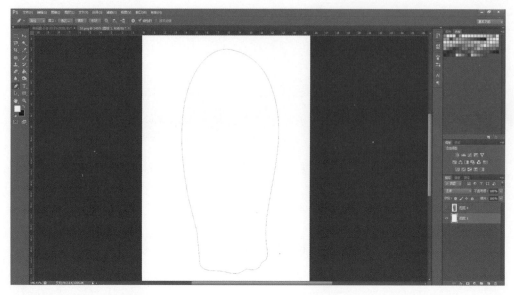

图2-64

在绘制过程中如果出现磁性捕捉错误，捕捉了错误区域，可以按"Delete"键退回，按一次退回一步。

在样式面板上点击"选区"命令，可以将已绘制好的"路径"转换为"选区"，如图2-65所示。

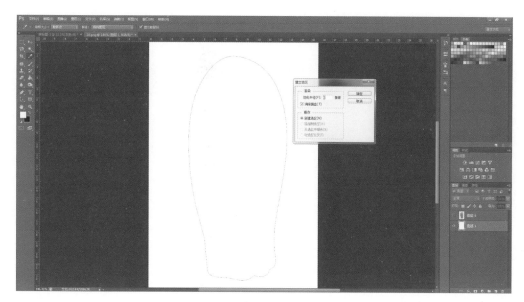

图2-65

（4）添加/删除锚点工具、转换点工具

"添加/删除锚点工具"可以使我们在绘制路径的过程中对绘制出的路径添加或删除锚点，单击路径上的某点可以在该点添加一个锚点，单击原有的锚点可以将其删除。

"转换点工具"可以转换"锚点"的类型，可以将"锚点"在"平滑点"和"转角点"之间互相转换。"转换点工具"在对路径形状的编辑上用得比较多。我们以上一个例子中的路径为例，详细了解"转换点工具"的使用。

选择"转换点工具"，在路径上点击一下路径上会出现两个调节斗柄，如图2-66所示。

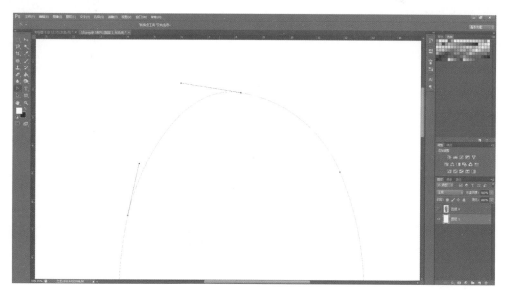

图2-66

单击上面的一个"锚点"，图形变成如图2-67所示。

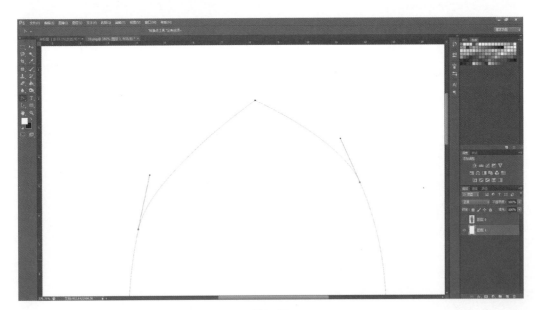

图2-67

按住左键依次拖动3个锚点，得到效果如图2-68所示。

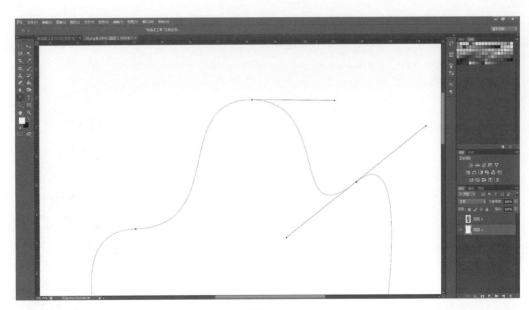

图2-68

单独调节每一个斗柄都可以调整路径的形状，如图2-69所示。

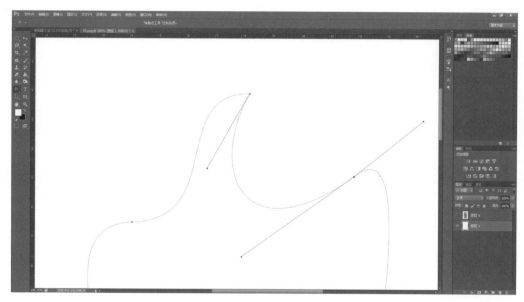

图2-69

项目2：利用多边形工具绘制路径

"多边形工具"  主要包括矩形工具、圆角矩形工具、椭圆工具、多

边形工具等。用多边形工具可以绘制路径、形状图层和填充区域。

"矩形工具" 可以很方便地绘制出矩形或正方形。

点击"矩形工具"，单击鼠标左键并拖拽即可绘出所需矩形。也可在弹出的设置对话框中输入"矩形的参数"，点击确定，自动生成矩形。

"圆角矩形工具"的使用与"矩形工具"类似，它可以绘制出边角圆滑的矩形。

"椭圆工具"用于绘制椭圆，按住"Shift"键可以绘制出"正圆"。

"多边形工具"用于绘制正多边形，绘制光标的起点是多边形的中点，而终点为多边形的一个顶点，在设置栏上可以设置"多边形"的边数，如图2-70所示。

"直线工具"用于绘制直线或有箭头的线段。使用方法同前，如果按住"Shift"键，可以使直线的方向控制在0度、45度和90度3种角度。

"自定义形状工具"可以绘制出一些不规则的图形或是自己定义的图形。在设置栏上如果选择"形状"类型，就可以选择所需绘制的形状。点击"形状调板"，系统中储存着可供选择的外形，如图2-71所示。

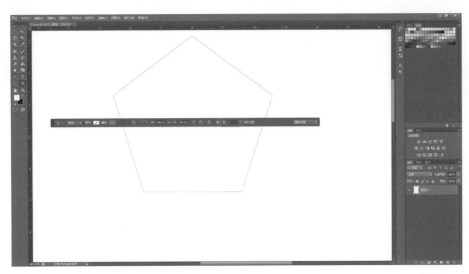

图2-70

图2-71

点击选定的形状，就可直接在画面上绘制出来，如图2-72所示。

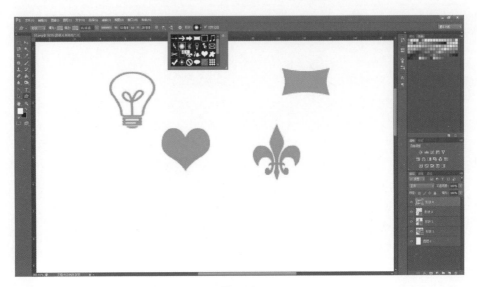

图2-72

三、通道和蒙版应用

本节主要介绍 Photoshop 软件通道和蒙版的应用方法。

1.通道与蒙版的概念

通道，通道里面一般以黑、白、灰，3 种颜色显示。（rgb）其实这三种颜色所代表的是越黑颜色就越浓，越白颜色就少。

蒙版，其实很好理解的方法就是，你在图层上加个蒙版就好比你在纸上加了个透明的玻璃。然后你加黑色在玻璃上面就看不到图层下面的了。你加灰色就是半透明，其实有点类似通道，黑白灰。不过蒙版的黑是挡住图层蒙版黑色的位置，白就是透明。

2. Photoshop CS6"通道、蒙版"项目实训

项目 1：通道、蒙版基础命令操作

（1）通道

通道是 Photoshop CS6 中一个很重要的概念，简单地说，通道就是保存图像颜色信息和选区的载体。在室内设计效果图后期处理中，很多时候都是用通道来选择图像中的大块颜色，或者是天空和玻璃等透明的物体。当然这也要我们在 3dMax 进行渲染时要选择 tga 格式，这样才可以自动生成出通道。

Photoshop CS6 中包含四种类型的通道，一种是颜色通道，一种是 Alpha 通道，另外两种分别是专色通道和临时通道。

打开"样图 3"，点击菜单栏"窗口"—"通道"命令，可以打开"通道"面板，如图 2-73 所示。

图 2-73

单击"通道"面板的任意一个通道，可以选择该通道，此时被选择的通道变为"蓝色"，为当前通道，如图2-74所示，就是选择的"绿色"通道。

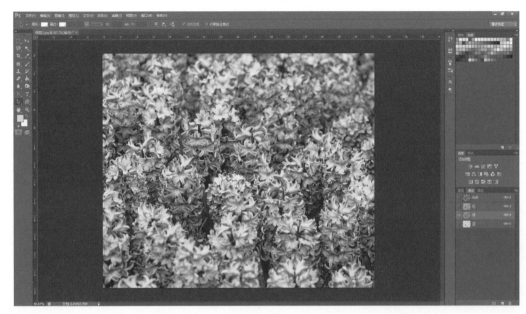

图2-74

如果点击的是"RGB"通道，则"红、绿、蓝"全部显示。

如果想同时选择两个通道，就按住"Shift"键，然后点击不同的通道，如图2-75同时选择"红、绿"通道所示。

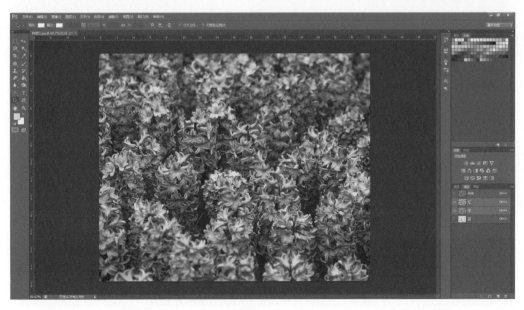

图2-75

（2）蒙版

所谓"蒙版"就是可控制显示或隐藏图像内容。通过"蒙版"也可以制作出各种特殊效果。"蒙版"分为图层蒙版、矢量蒙版、剪贴蒙版和快速蒙版四种。

① 蒙版的优点

修改方便，不会因为使用橡皮擦或剪切删除而造成不可返回的遗憾；

可运用不同滤镜，以产生一些意想不到的特效；

任何一张灰度图都可用为蒙版。

② 蒙版的主要作用

蒙版的作用主要有"抠图、做图的边缘淡化效果及图层间的溶合"。如果你想对图像的某一特定区域运用颜色变化、滤镜和其他效果时，没有被选的区域（也就是黑色区域）就会受到保护和隔离而不被编辑。其实蒙版和矩形选区在使用和效果上有相似之处，但蒙版可以利用Photoshop的大部分功能甚至滤镜更为详细地描述出具体想要操作的区域。

项目2：利用"通道"为效果图添加特效

打开一张"效果图样图"文件，如图2-76所示。

图2-76

在"通道"面板中选择"红色"通道，点击通道选区载入按键，载入红色通道选区，如图2-77所示。

图2-77

在"通道"面板中点击"RGB"通道，接着选择"图层"面板，按Ctrl+J组合键复制选区，如图2-78所示。

图2-78

点击"滤镜"—"模糊"—"高斯模糊"命令，设置参数如图2-79所示。

图2-79

将"图层1"的混合模式改为"滤色"，最终效果如图2-80所示。

图2-80

第三部分

Photoshop CS6
实训案例

一、基础案例
二、实操案例

一、基础案例

通过若干个室内设计专业的基础设计案例由浅入深，涵盖室内设计专业在Photoshop CS6软件中应该掌握的基本技能，掌握平面构成、色彩构成制作技巧，以及手绘效果图的制作与编辑技巧。

项目1：平面构成制作项目

（1）项目介绍

平面构成作为三大构成的组成部分，重点阐述了形态与组构的形式美的法则，在室内设计专业基础教学中具有基础性、理论性的特点。

平面构成是视觉元素在二次元的平面上，按照美的视觉效果，力学的原理，进行编排和组合。同时它也是以理性和逻辑推理来创造形象、研究形象与形象之间的排列的方法。其构成形式主要有重复、近似、渐变、变异、对比、集结、发射、特异、空间与矛盾空间、分割、肌理及错视等等。

此项目就是通过利用Photoshop CS6软件来绘制平面构成设计作品。

① 前期准备

（a）阅读本项目任务书。

（b）分析项目书中的任务要求及内容，明确作品的处理要点。

② 案例覆盖技能点

（a）Photoshop CS6的基本操作方法。

（b）图层的基本操作。

（c）钢笔工具的使用。

（d）路径工具的使用与编辑。

（e）形状工具的使用与编辑。

（f）图案的填充与拾取。

③ 推荐案例完成时间

8课时。

（2）制作思路与流程

工序	实施内容及要求	步骤结果
1	打开"平面构成设计作品样例"文件，分析图面效果，拟定基本的制作思路	基本思路
2	绘制基本图形，确定图形骨骼	完成基本图形骨骼的绘制
3	图形骨骼的编辑	完成图形骨骼的编辑组合
4	编辑相关的图形，对图形进行填充处理	图形的拾取与填充
5	整体校正与修饰处理	整体图面效果处理
6	保存输出图面	完成的设计作品

（3）项目制作要求与考核评分标准

序号	制作内容		要求	难度	分数
1	图像制作与编辑	图像制作思路清晰	必做	★★	10
2		PS软件操作熟练，能够独立完成设计作品	必做	★★★	15
3		熟练掌握路径、形状工具	必做	★★★★	20
4		熟练掌握图像编辑命令	必做	★★★★	20
5	设计创意	具有一定设计创意，画面完整，构图合理	必做	★★★★	20
6	最终效果	图像整体效果处理得当，文件保存、输出格式正确	必做	★★	10
7	课堂表现	能够完成课上练习任务，出勤情况良好	必做	★	5
备注	项目任务书课提前发放，让学生提前预习准备				

（4）平面构成设计作品制作

① 分析图形

打开"平面构成设计作品样例"文件，如图3-1所示。

图3-1

通过分析这幅设计作品，我们看到它其实是由"圆形、矩形、三角形、多边形"四个的元素排列、叠加而成。

② 图形骨骼制作

新建一张背景色为"白色",尺寸为"24cm×24cm",分辨率为"300dpi"的背景图片,如图3-2所示。

图3-2

点击"Ctrl+S"保存,设定名字为"平面构成"。

点击"Ctrl+R"打开"标尺"工具,用鼠标"左键"在"标尺"工具上点住拖拽,会出现一条"绘图辅助线",将这条"绘图辅助线"分别放置在图形的中心处(12cm),如图3-3所示。

图3-3

将参考作品拖拽入"平面构成"文件中，如图3-4所示。

图3-4

点击"Enter"键确认。点击"样例"图层，将该图层的不透明度调为"20%"，这样能便于我们更好地绘制图形，如图3-5所示。

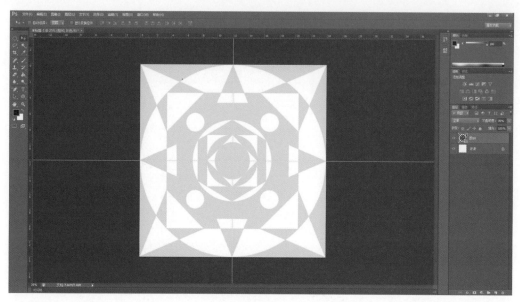

图3-5

双击"背景"层，将图层解锁。并将其更名为"平面设计"。

利用"标尺"工具将参考图形进行标注等分。如图3-6所示。

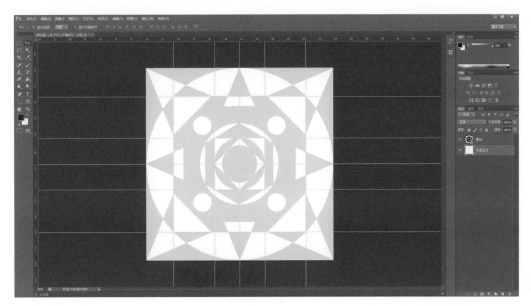

图3-6

首先找出图形中的主体骨骼，然后利用"形状工具"依次绘制出主体元素。

绘制第一个主体元素"圆"。选择"平面设计"图层。点击"形状工具"

，选择"椭圆工具"。点击"形状工具"的"填充"选项，将"填充"

方式，选择为"轮廓"，"描边"选择为"黑色"，尺寸参数"1"，如图3-7所示。

图3-7

按住"Shift"键，在画面上绘制出"正圆"。"Ctrl+T"，调整圆的大小。将自动生成图层的名称改为"01"，如图3-8所示。

图3-8

　　选择"矩形工具"，在画面上绘制出图面中心的"矩形"。"Ctrl+T"，调整矩形的
大小。将图层的名称改为"02"，如图3-9所示。

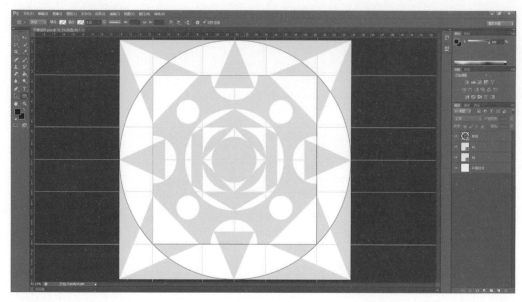

图3-9

选择图层"01"，对其进行复制，"Ctrl+T"，调整圆形的大小。将图层的名称改为"03"，如图3-10所示。

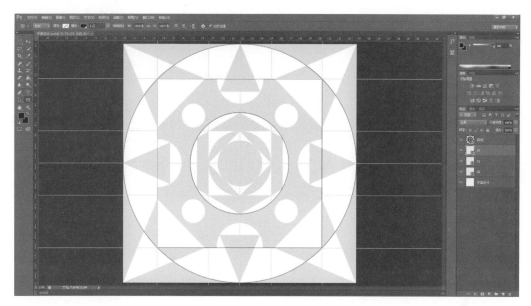

图3-10

选择"多边形工具"，将边数设定为"6" ，在画面上绘制出图面中心的"六边形"。"Ctrl+T"，调整六边的大小。将图层的名称改为"04"，如图3-11所示。

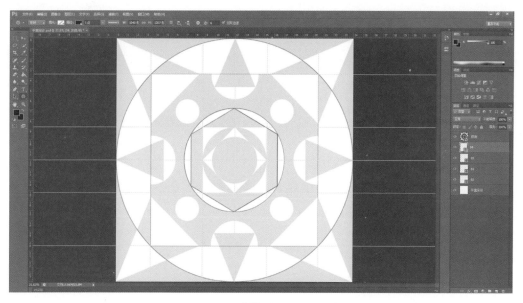

图3-11

选择图层"02"，对其进行复制，"Ctrl+T"，调整矩形的大小。将图层的名称改为"05"，如图3-12所示。

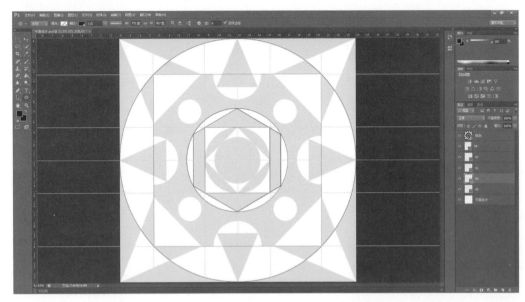

图3-12

选择图层"01"，对其进行复制，"Ctrl+T"，调整圆形的大小。将图层的名称改为"06"，如图3-13所示。

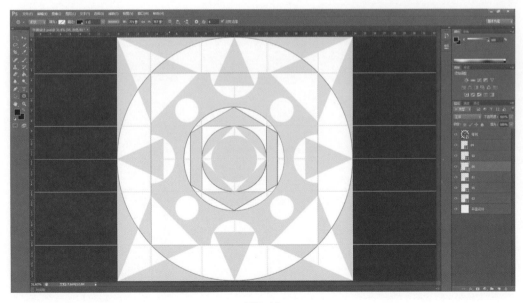

图3-13

选择图层"02"，对其进行复制，"Ctrl+T"，调整矩形的大小。将图层的名称改为"07"，如图3-14所示。

图3-14

选择图层"01"，对其进行复制，"Ctrl+T"，调整圆形的大小。将图层的名称改为"08"，如图3-15所示。

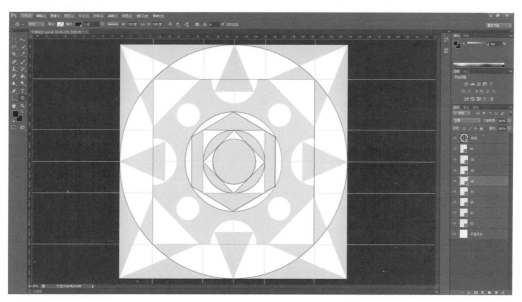

图3-15

接下来我们就来绘制图形周围的"三角形"元素。选择"多边形工具",将边数设定为"3",在画面的边角处绘制出"三角形"。"Ctrl+T",调整三角形的大小及形状,将图层的名称改为"09",如图3-16所示。

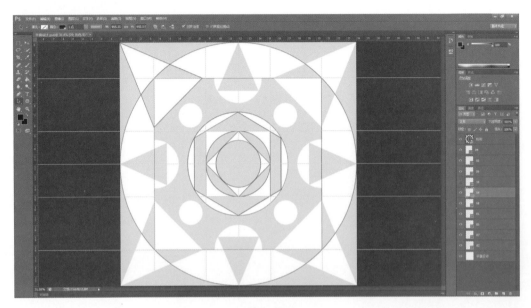

图3-16

选择图层"09",对其进行复制,将图层的名称改为"10"。点击"编辑"菜单,选择"变换路径"—"旋转90度",将其移动到图形右侧的合适位置,如图3-17所示。

图3-17

同时选中图层"09"和"10"对其复制,将图层的名称改为"11"、"12"。 点击"编辑"菜单,选择"变换路径"—"旋转90度",将其移动到图形右侧的合适位置,如图3-18所示。

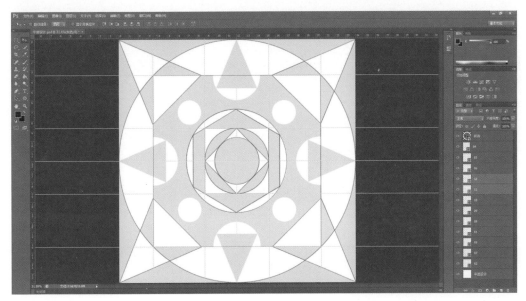

图3-18

用上面的方法将剩余的"三角形"制作出来,如图3-19所示。

图3-19

选择"椭圆工具"绘制"圆形"。至此，图形中的元素绘制全部完成。如图3-20所示。

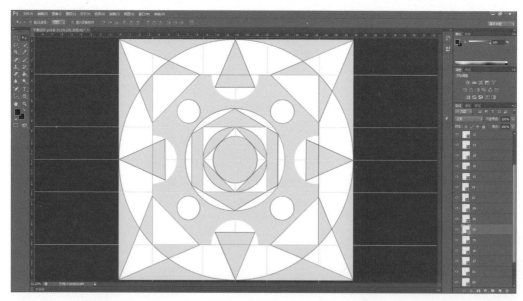

图3-20

③ 图面填充

　　元素骨骼绘制完成后，要对其画面和元素进行填充和编辑，最终完成平面设计作品的制作。

　　合并所有图层，如图3-21所示。

图3-21

选择"魔棒"工具，将图面中的黑色部分进行填充。完成效果如图3-22所示。

图3-22

④ 图像保存与输出

图像制作完成后，按"Shift+Ctrl+S"键另存文件，在弹出的"存储为"对话框中，选择图像的文件格式。用于打印图像选择".jpg、.tif"等格式；如果下一次还想继续编辑图像，就选择".psd"ps分层文件格式，便于以后的修改制作。需要注意的是，如果选择".jpg"存储格式，这时会弹出一个"选择图片质量的"对话框，我们可以根据打印需要，选择"0～12"等级。等级越高，文件的质量越高，文件也就越大，如图3-23所示。

图3-23

项目2：室内设计手绘效果图的制作与编辑

（1）项目介绍

室内设计就是设计师对室内空间的划分和布局，它是一种大脑内的创作过程，而手绘可以将这种过程形象地展现在众人面前。手绘效果绝不只是单纯的艺术欣赏，它更突出表现了设计师对室内空间设计的主观意识以及自身设计功底的深浅。根据室内设计方案的阶段要求，手绘表现主要分为"构思草图"和"表现性手绘图"两大类。"表现性手绘图"也就是我们通常所说的"手绘效果图"。"手绘效果图"与电脑效果图在性质上比较接近，它可以更好的体现设计师的意图，更加客观的反映设计师对空间结构、材料灯光以及装饰造型的把控能力，对后期的施工起着非常重要的指导作用。此外，表现性手绘图不仅可以让电脑绘图者对整体设计方案有更明确的把握，还能在与业主或投标方的沟通交流中起到一定的展示作用。

Photoshop绘制"室内设计手绘效果图",是指在"手绘线稿"的基础上采用"画笔工具"为已绘制好的"手绘线稿"上色,从而快速地模拟出真实地"手绘效果"。在这一项目中,我们通过详细分解给"手绘线稿"上色的步骤,使读者进一步掌握室内设计师应具备的Photoshop CS6软件技能。

① 前期准备

（a）阅读本项目任务书。

（b）分析项目书中的任务要求及内容,明确作品的处理要点。

② 案例覆盖技能点

（a）Photoshop CS6的基本操作方法。

（b）画笔工具的使用。

（c）图像拾取与编辑。

（d）图层命令操作与编辑。

（e）图像处理命令的使用。

③ 推荐案例完成时间

8课时。

（2）制作思路与流程

工序	实施内容及要求	步骤结果
1	导入"手绘室内线稿"文件,分析图面效果,拟定基本的调整思路。	确定编辑基本思路
2	手绘线稿处理。	修整线稿画面
3	图像整体分析,确定风格。	确定设计风格
4	图像上色处理,综合运用画笔。	完成手绘色稿
5	细节处理,添加应有的笔触效果。	细节调整
6	整体校色与修饰处理。	整体效果修饰
7	保存输出效果图。	完成的效果图

（3）项目制作要求与考核评分标准

序号	制作内容		要求	难度	分数
1	图像制作与编辑	图像制作思路清晰。	必做	★	5
2		PS软件操作熟练,能够独立完成设计作品。	必做	★★★	15
3		熟练掌握画笔工具的使用与编辑。	必做	★★★★	20
4		熟练掌握图层面板的操作。	必做	★★	10
5		熟练掌握图像色调调整、编辑命令。	必做	★★★★	20
6	设计创意	具有一定设计创意,画面完整,构图合理。	必做	★★★	15
7	最终效果	图像整体效果处理得当,文件保存、输出格式正确。	必做	★★	10
8	课堂表现	能够完成课上练习任务,出勤情况良好。	必做	★	5
备注	项目任务书课提前发放,让学生提前预习准备。				

（4）室内手绘效果图制作

① 手绘线稿导入

在导入"手绘线稿"文件之前，我们先新建一幅42cm×29.7cm（A3）大小的底稿，分辨率300dpi，颜色模式为RGB，如图3-24所示。

图3-24

打开"手绘线稿"文件，将线稿导入到新建文档，缩放至合适大小。如图3-25所示。

图3-25

② 手绘线稿处理

打开之后,选择"图像"—"调整"—"曲线"(Ctrl+m)将整体色调亮,然后调整"色阶"(Ctrl+L)或"对比度"(Alt+I+A+C)选项,调整线稿中的线条,修掉多余的线条,去掉白底只留线图放在最上层。选择"钢笔"工具,将没连上的线连上。最后修整图像如图3-26所示。

图3-26

③ 填色

在填色之前我们先要进行一些基本的设定。

首先在"手稿"图层的上方新建一个图层,并将图层的类型修改成"正片叠底",如图3-27所示。

"正片叠底"模式,类似于在底稿上加一张硫酸纸,色彩不会掩盖底稿上的线条。

最后,点击"画笔"工具,点击画笔面板按钮 ,切换出画笔面板。选择20号笔刷,这个笔刷的特点是随着压感变化而画出浓淡过渡的色彩变化。如图3-28所示。

图3-27

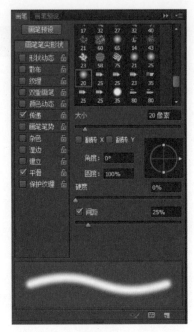

图3-28

下面我们开始逐项为线稿填色。

首先要确定画面的整体风格，然后根据风格确定其主体色调。

确定好主体色调后，按照先铺大色调（中间色调），再添加细节的填色步骤，首先将空间中的大色调部分以大笔刷铺开，记得将高光区留白，如图3-29所示。

图3-29

定好主色调之后，开始逐一绘制空间。

新建一个图层，首先为墙面填色。点击"多边形套索工具"，将电视背景墙的区域进行框选，如图3-30所示。

在选区上点击右键，选择"通过拷贝的图层"，新建一个"背景墙"图层。选择"油漆桶"工具，为背景墙填充上颜色，如图3-31所示。

点击"多边形套索工具"，将背景墙中间的电视区域框选，如图3-32所示。

删除电视区域，如图3-33所示。

调整背景墙色彩，如图3-34所示。

用同样的方法选择沙发背景墙并为其填充上米色，如图3-35所示。

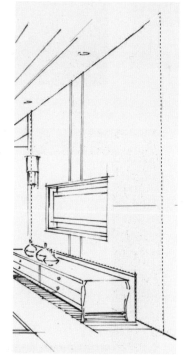

图3-30

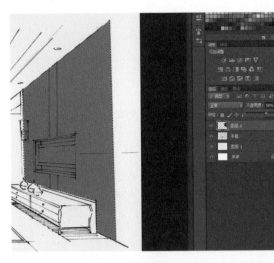

图3-31

图3-32

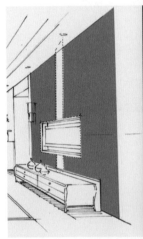

图3-33

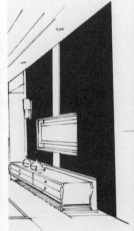

图3-34

图3-35

为了增加模拟出墙面壁纸的质感，可以选择合适的壁纸素材，将其与我们填充的色彩叠加融合。

　　打开一张壁纸素材，并将其拖拽入到手绘效果图中，如图3-36所示。

　　选择壁纸素材时一定要注意，我们尽量选择颜色与我们填充颜色接近的素材。

图3-36

　　选择"素材"，点击"Ctrl+T"激活"自由变换"—"透视"，将"素材"与手绘效果图墙面的透视一致，如图3-37所示。

　　放置好"素材"后，将被遮挡挂画区域删除，使挂画露出。最终调整结果，如图3-38所示。

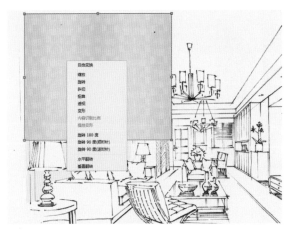

图3-37

图3-38

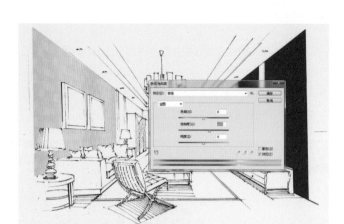

图3-39

整体调整下画面的色彩，增加图像的饱和度，如图3-39所示。

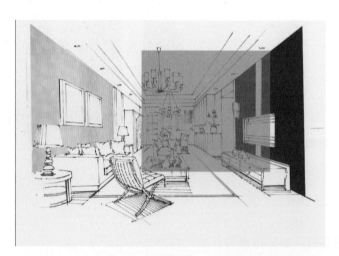

图3-40

用同样的方法，为电视背景墙也添加上壁纸效果，如图3-40所示。

图3-41

选择"加深、减淡工具"调整背景墙的光影变化，最终效果如图3-41所示。

选择地面区域，为地面填充上基色，如图3-42所示。

图3-42

选择地毯区域，为其填充上基色，如图3-43所示。

画到这里基本上我们已经把空间中的大色块绘制完成了，下面我们就要在这个基础上为画面添加"笔触"，模拟出手绘效果图的绘制效果。

首先新建一个图层，并将图层的类型修改成"正片叠底"，选择"画笔"工具 ✎。点击命令栏下方的"切换画笔" ▦ 按钮，在图像的右侧会弹出"画笔预设"面板，如图3-44所示。

图3-43

图3-44

图3-45

首先我们要在画笔预设面板中设置好画笔的属性。选择"21号"笔触，勾选"传递、湿边、平滑"选项，选择好画笔的"颜色"，根据图像中不同的材质，添加笔触细节，如图3-45所示。

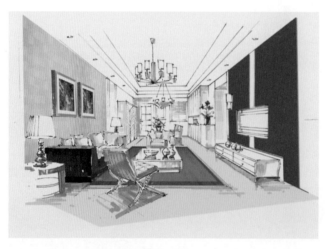

图3-46

选择挂画的素材，添加挂画，如图3-46所示。

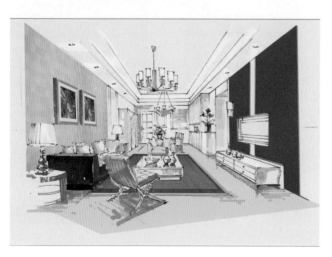

图3-47

整体调节画面质感，如图3-47所示。

深入调整细节，添加画面暗部的笔触和高光，如图3-48所示。

图3-48

最终绘制效果，如图3-49所示。

图3-49

④ 手绘效果图整体处理

整体处理画面的色调光感，丰富画面层次。

分别点击"Ctrl+U"、"Ctrl+M"，调整画面的色彩饱和度和明暗，调整画面层次，如图3-50所示。

图3-50

点击"滤镜"—"USM锐化",调整画面的清晰度,使画面中的线条更明确,如图3-51所示。

图3-51

至此,手绘效果图便绘制完成。

⑤ 图纸打印输出

图像制作完成后,还需要对图面的整体效果进行调整,以保证图面的最佳显示效果。调整好之后,按"Shift+Ctrl+S"键另存文件,在弹出的"存储为"对话框中,选择图像的文件格式。用于打印图像选择".jpg、.tif"等格式;如果下一次还想继续编辑图像,就选择".psd"ps分层文件格式,便于以后的修改制作。需要注意的是,如果选择".jpg"存储格式,这时会弹出一个"选择图片质量的"对话框,我们可以根据打印需要,选择"0 ~ 12"等级。等级越高,文件的质量越高,文件也就越大。

项目3:色彩构成制作项目

(1)项目介绍

色彩构成,即色彩的相互作用。它是利用色彩在空间、量与质上的可变幻性,按照一定的规律去组合各构成之间的相互关系,再创造出新的色彩效果的过程。色彩构成是室内设计专业的基础理论之一,它与平面构成及立体构成有着不可分割的关系。

① 前期准备

(a)阅读本项目任务书

(b)分析项目书中的任务要求及内容,明确作品的处理要点

② 案例覆盖技能点

(a)Photoshop CS6的基本操作方法

(b)钢笔工具的使用

（c）形状工具的使用与编辑

（d）图层的使用与编辑

（e）滤镜使用及插件的安装

（f）亮度/对比度、色彩平衡、色相/饱和度、色阶等调节应用

③ 推荐案例完成时间

8课时。

（2）制作思路与流程

工序	实施内容及要求	步骤结果
1	打开"色彩构成设计作品样例"文件，分析图面效果，拟定基本的制作思路。	基本思路
2	绘制基本图形，确定图形样式及构图。	完成基本图形绘制
3	编辑相关的图形，确定色彩搭配，对图像进行色彩处理。	图像处理
4	整体校色与修饰处理图面。	整体图面效果处理
5	保存输出。	完成设计作品

（3）项目制作要求与考核评分标准

序号	制作内容		要求	难度	分数
1	图像制作与编辑	图像制作思路清晰。	必做	★★	10
2		PS软件操作熟练，能够独立完成设计作品。	必做	★★★	15
3		熟练掌握图形绘制工具。	必做	★★★★	20
4		熟练掌握图像色调调整、编辑命令。	必做	★★★★	20
5	设计创意	具有一定设计创意，画面完整，构图合理。	必做	★★★★	20
6	最终效果	图像整体效果处理得当，文件保存、输出格式正确。	必做	★★	10
7	课堂表现	能够完成课上练习任务，出勤情况良好。	必做	★	5
备注	项目任务书课提前发放，让学生提前预习准备				

（4）色彩构成设计作品制作

色彩构成的设计作品主要有"色立体、色相对比、明度对比、纯度对比、纹理对比、色彩推移、色彩混合"等表现形式。利用Photoshop绘制色彩构成作品能够更好地把握色彩，丰富设计作品的表现，如图3-52、图3-53所示。

① 图像制作

色彩构成作品的图像制作方法与平面构成作品的制作方式一致，都是需要先绘制出图像基本骨骼，然后再排列组合编辑成新的构图形式。这里就不重复讲授了。

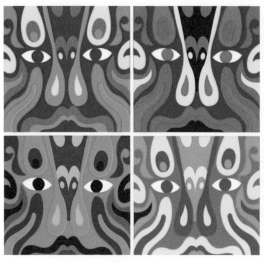

图3-52

图3-53

② 图面色彩填充与编辑

图面色彩的填充与编辑就是运用Photoshop软件中的"油漆桶""渐变""滤镜""图层""编辑"—"调整"等命令对图面进行色彩方面的处理。下面我们就以上一个项目中制作的"平面设计作品"为图面底稿，对其重新进行色彩填充，平面色彩构成作品。

新建一张背景色为"白色"，尺寸为"24cm×24cm"，分辨率为"300"的背景图片，命名为"色彩构成"，如图3-54所示。

图3-54

利用"标尺"工具，在图面上四周标注出1cm的边界，并标注出中心线。如图3-55所示。

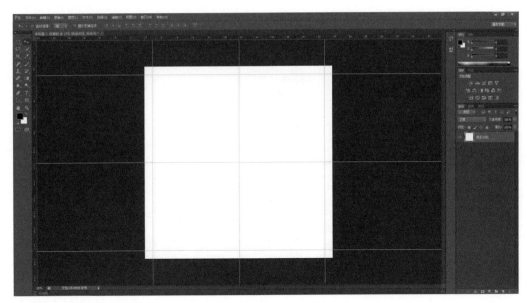

图3-55

将"平面设计作品"文件拖入到图面中,如图3-56所示。

图3-56

　　为黑白稿赋予颜色有多种方式,比较常用的是选择"魔棒"工具,选取需要填充色彩的区域,直接填充所需颜色即可。另外一种是使用"Ctrl+U(色相饱和度)"选项,通过整体调整色彩为图像填色。需要注意的是,在激活"Ctrl+U(色相饱和度)"选项后一定要勾选"着色"才可以事图像有色彩变化。随后增加"明度"、"饱和度"值,拖动"色相"的滑竿,就可以为图像赋予色彩,如图3-57所示。

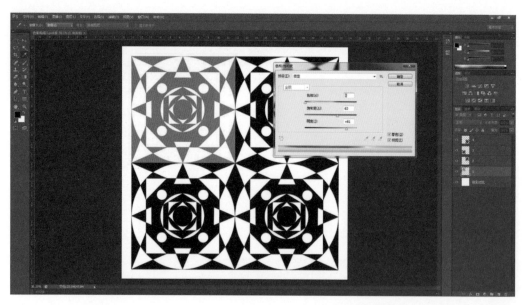

图3-57

最终调整结果，如图3-58所示。

图3-58

　　我们也可以借助软件中的"滤镜"（除了系统中自带的滤镜，也可以去网上下载不同的滤镜插件）命令，对画面进行特效处理，制作出不同的色彩表现效果，如图3-59所示。

　　"滤镜"的操作是非常简单的，但是真正用起来却很难恰到好处。如果想在最适当的时候应用滤镜到最适当是位置，除了平常的美术功底之外，还需要用户对滤镜的熟

图3-59

悉和操控能力，甚至需要具有很丰富的想象力。这样，才能有的放矢的应用滤镜，发挥出艺术才华。

③ 图面调整与输出

图像制作完成后，还需要对图面的整体效果进行调整，以保证图面的最佳显示效果。调整好之后，按"Shift+Ctrl+S"键另存文件，在弹出的"存储为"对话框中，选择图像的文件格式。用于打印图像选择".jpg、.tif"等格式；如果下一次还想继续编辑图像，就选择".psd"ps分层文件格式，便于以后的修改制作。需要注意的是，如果选择".jpg"存储格式，这时会弹出一个"选择图片质量的"对话框，我们可以根据打印需要，选择"0 ~ 12"等级。等级越高，文件的质量越高，文件也就越大。

二、实操案例

精选若干个典型案例，每个案例中包含室内设计方案处理中需要掌握的内容。

项目1：房地产室内彩色平面宣传图制作

（1）项目介绍

本项目主要介绍房地产室内彩色平面图的制作方法,彩色平面图是效果图的一种,能够直观地看到每个室内空间的布置和功能,是开发商对外宣传的一种必要的方式,随着房地产业的提高,对室内彩色平面图的要求也越来越高,制作优秀的房地产彩色平面图是行业的需要。

① 前期准备

（a）阅读本项目任务书

（b）分析项目书中的任务要求及内容，明确作品的处理要点

② 案例覆盖技能点

　　（a）CAD图纸的处理

　　（b）将CAD图样输出为EPS文件

　　（c）在Photoshop中导入EPS文件

　　（d）墙体进行填充

　　（e）填充地面铺装

　　（f）添加室内家具模块

　　（g）图纸的后期处理

　　（h）图纸输出打印

③ 推荐案例完成时间

　　8课时。

（2）制作思路与流程

　　制作室内彩色平面图的方法有很多，这里介绍的是利用输出EPS文件的方法来制作室内彩色平面图。

工序	实施内容及要求	步骤结果
1	整理CAD图纸中的线，保留必要的线。	修正线稿
2	将CAD图样输出为EPS文件。	彩平制作前期准备
3	在Photoshop中导入EPS文件。	准备好前期工作
4	对墙体进行填充。	墙体彩平完成
5	填充地面铺装。	地面铺装完成
6	添加室内家具模块。	空间家居完成
7	图纸的后期处理。	完成效果图
8	图纸输出打印。	彩平完成

（3）项目制作要求与考核评分标准

序号	制作内容		要求	难度	分数
1	彩平制作与编辑	图像制作思路清晰	必做	★★	10
2		CAD图纸处理手法熟练	必做	★★★	15
3		熟练掌握EPS文件制作	必做	★★★★	20
4		熟练掌握图像处理与编辑。	必做	★★★★	20
5	设计创意	具有一定设计创意，画面完整，构图合理。	必做	★★★★	20
6	最终效果	图像整体效果处理得当，文件保存、输出格式正确。	必做	★★	10
7	课堂表现	能够完成课上练习任务，出勤情况良好。	必做	★	5
备注	项目任务书课提前发放，让学生提前预习准备。				

（4）室内设计彩色平面图制作

在将图纸导入到Photoshop之前，需要将图纸导出为Photoshop能识别的格式，通常使用CAD输出位图的方式有两种，一种是直接在界面中输出，另一种是采取虚拟打印的方式，本项目将介绍第二种方法。

CAD中可以导出到Photoshop中的图片类型有很多，这里将介绍EPS的输出方法，EPS占用空间小，可以根据需要自由设置最后出图的分辨率，满足不同精度的出图要求。

① 打开图纸

在CAD中打开户型图，如图3-60所示。

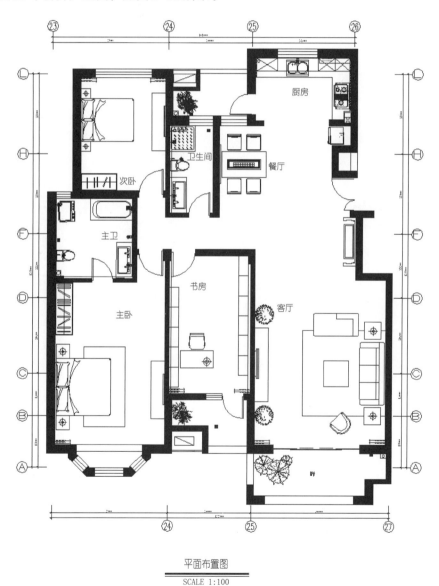

平面布置图

SCALE 1:100

图3-60

② 打印图纸设置

在CAD中菜单栏中点"菜单"—"工具"—"向导"—"添加绘图仪",出现"添加绘图仪"—"简介"界面,如图3-61所示。

点击"下一步",打开"添加绘图仪"—"开始",选择"我的电脑",如图3-62所示。

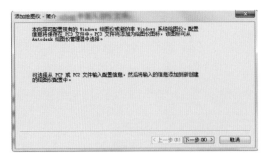

图3-61 图3-62

点击"下一步",选择生产商是Adobe,型号是PostScript Level 2的虚拟打印机,如图3-63所示。

点击"下一步",弹出"添加绘图仪-输入PCP或PC2",如图3-64所示。

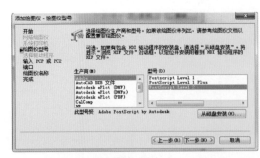

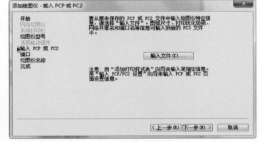

图3-63 图3-64

继续点击"下一步",弹出"添加绘图仪-端口",选择"打印到文件",如图3-65所示。

点击"下一步",出现"添加绘图仪-绘图仪名称",为了区别其它绘图仪,可填写"EPS绘图仪",如图3-66所示。

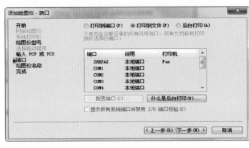

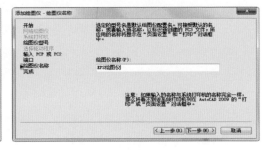

图3-65 图3-66

点击"下一步",点击"完成",如图3-67所示。

③ 打印输出墙体图形。

说明:为了方便在Photoshop中进行选择和填充,在CAD中导出EPS文件时,通常将墙体、地面铺装、家具和文字分别导出,然后在Photoshop中合成。

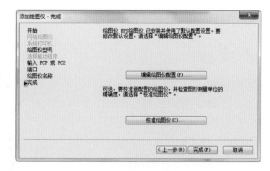

图3-67

打印输出墙体时,为了方便,图形中只需要保留墙体、门和窗。其它图形可以利用图层关闭,或隐藏。为了方便在Photoshop中对齐单独输出的墙体、地面铺装和文字等图形,需要在CAD中绘制一个矩形,确定打印输出的范围,以确保打印输出的图形大小相同,如图3-68所示。

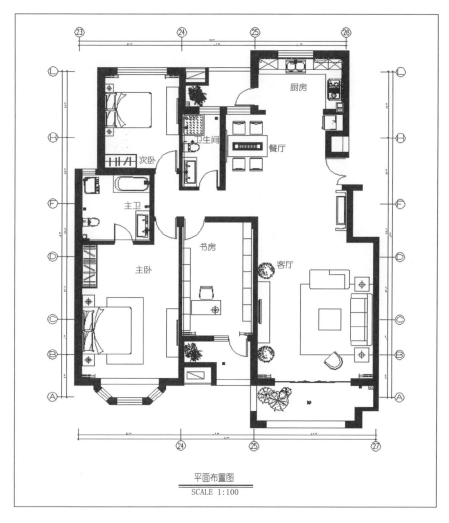

平面布置图

SCALE 1:100

图3-68

具体方法如下：将地面、尺寸标注、文字等图形，将墙体、门、窗显示出来，如图3-69所示。

点击"文件"中"打印"命令，打开"打印"—"模型"对话框，在"打印机/绘图仪"下拉菜单列表中，选择前面添加的"EPS绘图仪.pc3"作为输出设备，选择"ISO 3A（420.00mm×297.00mm）"作为打印图纸，"打印范围"选择"窗口"，"打印偏移"勾选"居中打印"，将"打印比例"下方的"布满图纸"勾选，在"打印样式表"下拉列表中选择"monochrome.ctb"，"打印选项"勾选"按样式打印"，"图形方向"选择"横向"，如图3-70所示。

单击"打印区域"选项组中的"窗口"按钮，在绘图窗口分别捕捉矩形的两个对角点，指定该矩形区域为打印区域。打印文件类型选择"封装PS（*.eps）"文件类型并设置文件名，如图3-71所示。

④ 打印家具

将图纸仅显示家具图形，按照上一步骤，打印保存文件为"家具图"。同样道理，再分别打印

图3-69

图3-70

图3-71

输出"地面铺装图"、"文字标注图"。此时，已将CAD图纸打印完毕。如图3-72 ~
图3-74所示。

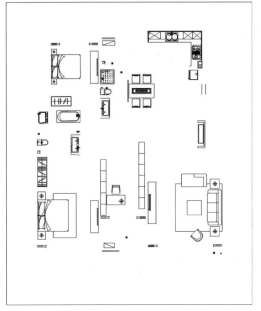

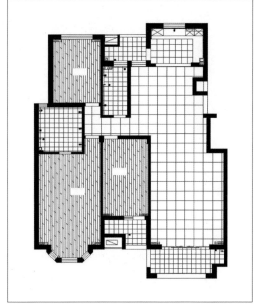

图3-72

图3-73

⑤ 合并EPS文件

EPS文件是矢量文件，在着色户型图之前，需要将矢量图形格栅化为Photoshop
可以处理的位图图像，图像的大小和分辨率可根据实际需要灵活控制。

启动Photoshop软件，打开"墙体.eps"文件，弹出"格栅化EPS格式"对话框，
将分别率设置为300，模式选择RGB颜色，单击"确定"，如图3-75所示。

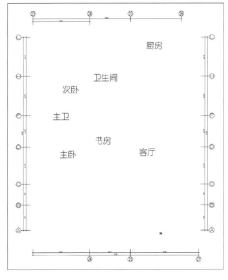

图3-74

图3-75

之后会得到一个背景为透明的位图图像，如图3-76所示。

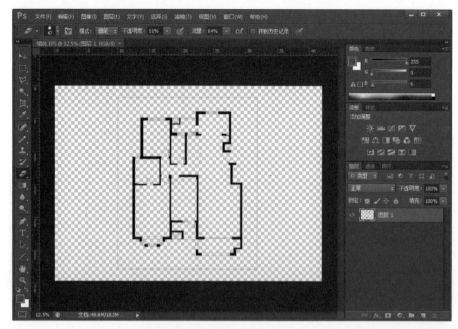

图3-76

为了方便图像的查看和编辑，新建图层，置于图层1的下方，设置前景色为白色，通过"Alt+Delete"组合键进行填充，如图3-77所示。

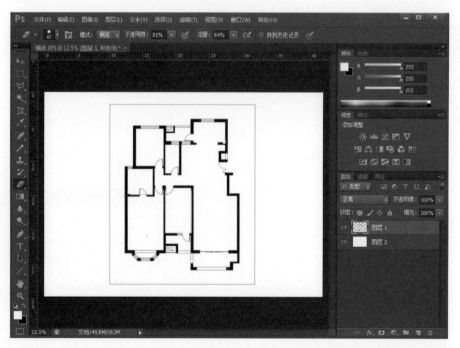

图3-77

单击图层2为当前图层，点击"图层"—"新建"—"图层背景"命令，将图层2转换为背景，背景图层是不能移动的，方便图层的选择和操作。将图层1修改名称为"墙体"，单击图层面板的"锁定全部"按钮，锁定"墙体"图层，防止图层被破坏，如图3-78所示。

将"地板.eps"文件拖动到当前操作窗口，单击图层面板，选择"地板"图层，得到地板图形，如图3-79所示。

用上述同样的方法将"家具.eps"文件添加到当前窗口中，得到家具图形，如图3-80所示。

⑥ 窗体的制作

说明：因本例中的墙体在原CAD图中已经进行填充，这里不再填充制作。

图3-78

新建图层，命名为"窗体PS"，设置前景色为"#03f1fa"。利用魔棒工具选中窗体区域。按"Alt+Delete"组合键，填充前景色，按"Ctrl+D"组合键，取消选择，完成窗体制作。如图3-81所示。

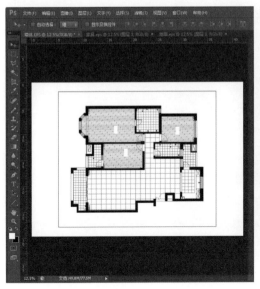

图3-79

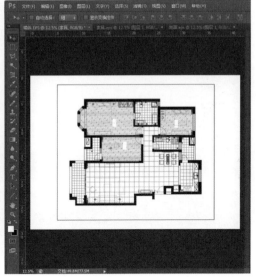

图3-80

⑦ 地面的制作

客厅一般铺设600×600或800×800的地砖。打开贴图素材，执行"编辑"—"定义图案"命令，弹出"图案名称"对话框，单击"确定"即可，如图3-82所示。

使用魔棒工具，单击客厅区域，将客厅区域载入选区（或使用矩形工具也可）。新建图层命名为"客厅+过道PS"，因过道的铺装与客厅相同，因此进行合并填充，设置前景色，按"Alt+Delete"，填充前景色，如图3-83所示。

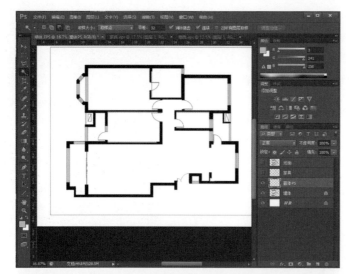

图3-81

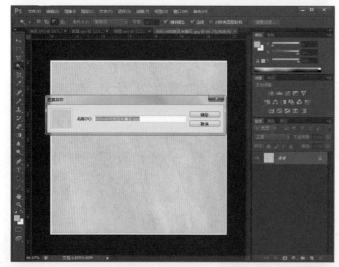

图3-82

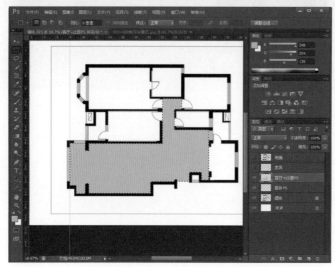

图3-83

点击"图层"—"图层样式"—"图案叠加"命令，弹出"图层样式"对话框，将"图案"下拉列表选择"600×600埃及米黄石"图案，设置缩放为15%，如图3-84所示。

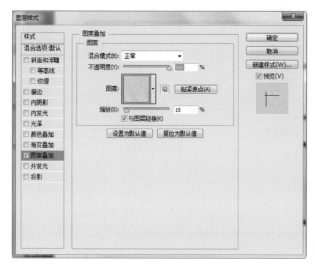

图3-84

单击"确定"按钮，按"Ctrl+D"组合键，取消选择，如图3-85所示。

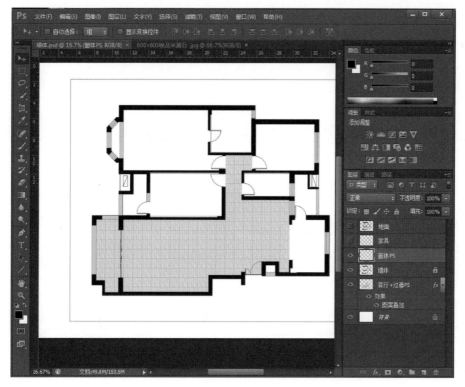

图3-85

主卧、次卧和书房地面的制作方法与上述方法相同，图案叠加时的比例调整为100，如图3-86所示。

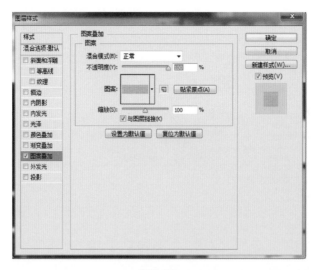

图3-86

卫生间、阳台、厨房、过门石和设备间的地面铺装方法与上述方法相同，这里不再详细讲解。

⑧ 家具的制作

a.制作客厅+餐厅家具

客厅和餐厅常见的室内家具有沙发、茶几、电视、电视柜、地毯和餐桌等，在制作家具图形前，首先要把家具图层显示出来，以帮助确定家具的位置。

点击"家具"图层，使家具图层显示出来，如图3-87所示。

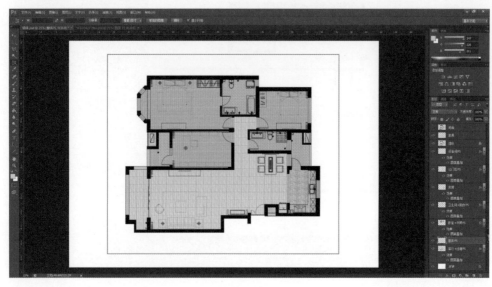

图3-87

点击工具箱中的"魔棒工具"，在电视柜和其他柜体区域单击鼠标创建选区，单击图层面板底部的"新建新图层"按钮，命名为"柜子"图层，设置前景色，单击工具箱中的"油漆桶工具"按钮，填充柜子区域，并在"柜子"图层上单击鼠标右键，弹出快捷菜单，选择"投影"，设置参数，如图3-88所示。

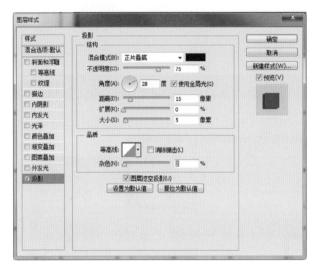

图3-88

打开素材文件，快捷键"Ctrl+O"，将素材移动到合适的位置，按"Ctrl+T"组合键，将素材缩放到合适大小，客厅家具添加完成，可用同样的方法将家具设置阴影。点击图层下面的"创建组"按钮，将客厅和餐厅家具建组，命名为"客厅＋餐厅家具"，如图3-89所示。

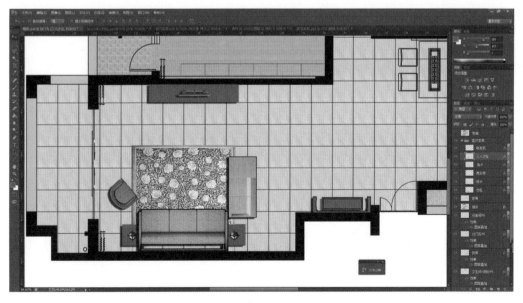

图3-89

b. 卧室家具

卧室分为主卧室、次卧室等，在制作过程中，可将卧室制作的精致一些，卧室主要由床、地毯、衣柜、电视柜和电视等组成，卧室家具的制作方法与客厅+餐厅大体相同。

首先打开素材文件，快捷键"Ctrl+O"，将素材移动到合适的位置，按"Ctrl+T"组合键，将素材缩放到合适大小，没有投影的家具要制作投影效果，以增加立体效果，可以单独为家具添加投影，也可以复制图层样式，本例中有主卧室和次卧室，制作后效果如图3-90所示。

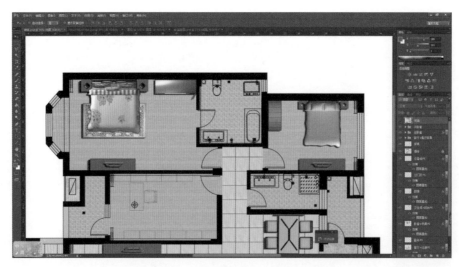

图3-90

c. 书房家具

书房的家具相对简单，主要由书柜、写字台、椅子等组成，制作方法与前面相同，不再详细介绍。制作完成后，如图3-91所示。

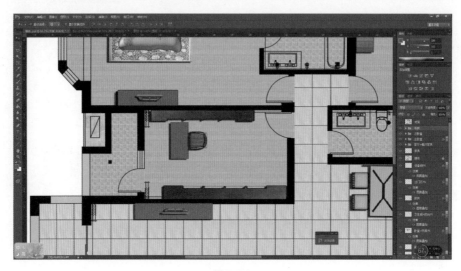

图3-91

d. 卫生间用具

卫生间可分为主卧室卫生间和卫生间，里面的用具由洗脸盆、淋浴间、洗衣机、洗手盆、浴盆等组成。

卫生间的制作方法与前面相同，不同的是卫生间里淋浴间的制作，选择"家具"图层，将淋浴间框选并复制，命名为"淋浴间"，新建图层，命名为"淋浴间底色"，框选淋浴间大小，选择"前景色"，赋予一个颜色，执行"油漆桶"命令，赋予在淋浴间底色图层。卫生间制作完成，如图3-92所示。

图3-92

e. 厨房家具

单击工具箱中的"矩形选框工具"，将厨房台面的形状框选出来，利用"油漆桶"赋予一个颜色，打开贴图文件，执行"编辑""定义图案"命令，弹出"图案名称"对话框，单击"确定"，定义图案。新建图层，利用"图案叠加"命令，填充图案，与之前上述方法相同，这里不再详述。

厨房其他家具制作方法与之前方法相同，也不再详述。制作出来的效果，如图3-93所示。

f. 门

单击工具箱中的"矩形选框工具"，在门的区域建立选区。新建图层，命名为"木门"，执行"图层"—"图层样式"—"图案叠加"命令，弹出"图案叠加"对话框，选择"木门"图案，设置缩放比例。

添加投影和描边，描边的像素设置为1，单击"确定"。将木门图层复制到其他木门区域，最后将所有的木门设置完成。按"Ctrl+E"组合键，合并图层，木门制作完成。如图3-94所示。

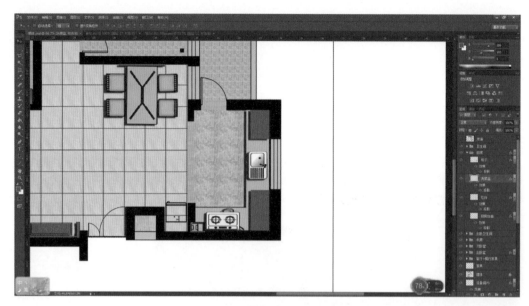

图3-93

图3-94

g.室内植物

绿色植物可以增加空间层次感，提升室内环境，但是在添加的时候不可以喧宾夺主，添加数量不宜过多，点到为止即可。

打开植物素材，将植物复制到当前操作窗口，按照比例进行缩放，并放在合适位置，如图3-95所示。

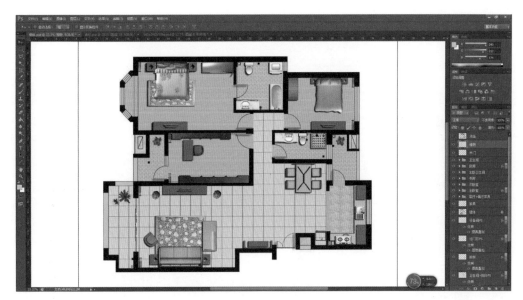

图3-95

⑨ 图纸后期

　　将墙体和窗设置阴影，方法同上述相同。将标注图导入。之后进行图纸的剪裁，利用工具箱中的"剪裁"命令，旋转图纸，如图3-96所示。

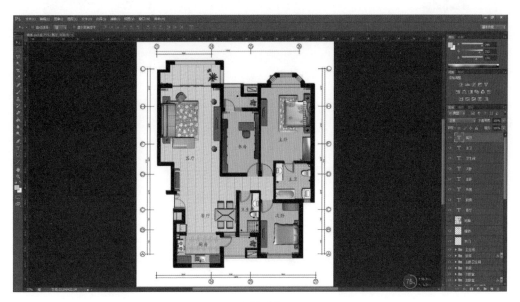

图3-96

⑩ 图纸保存

　　工具栏中选择"储存为"，弹出对话框，将文件命名"彩色平面图"，格式可选"JPEG"，点击"保存"。然后根据需要选择"品质"，调整参数。一张彩色平面图就制作完成了。如图3-97所示。

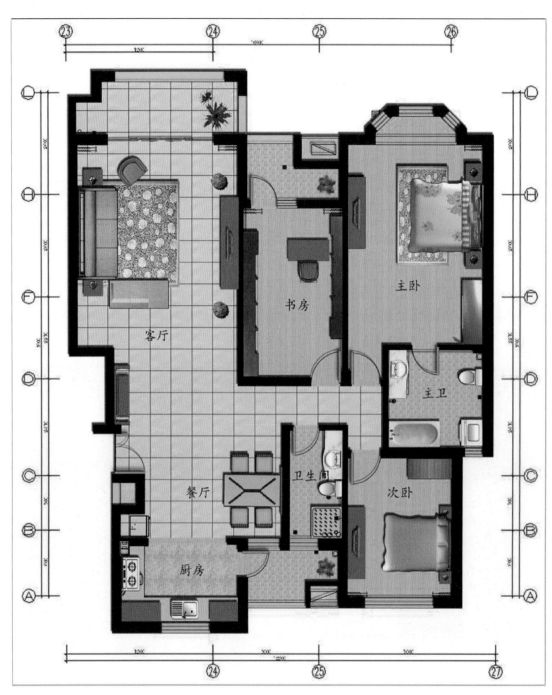

图3-97

项目2：室内设计效果图后期处理

（1）项目介绍

本项目为室内设计Photoshop CS6软件的阶段性实训项目，旨在综合Photoshop CS6软件内容的学习，对相关的知识技术进行综合性强化训练，通过项目案例锻炼实战技能，提高软件的设计与制作水平。

① 前期准备

（a）阅读本项目任务书

（b）对项目效果图读图、分析，明确效果图处理要点

② 案例覆盖技能点

（a）Photoshop CS6的基本操作方法

（b）图层的基本操作与应用

（c）亮度/对比度、色彩平衡、色相/饱和度、色阶等调节应用

（d）使用滤镜效果

（e）室内效果图的综合调整和装饰品的添加

③ 推荐案例完成时间

8课时

（2）制作思路与流程

工序	实施内容及要求	步骤结果
1	打开"室内效果图"文件，分析图面效果，拟定基本的处理思路	基本思路
2	搜集编辑相关的素材（包括平面元素素材、纹理素材等）	素材
3	制作、编辑相关的素材，对素材进行预处理	能够应用的素材
4	编辑创建合理的配景，并分组管理	基本的构图
5	通过校色完成效果图元素的匹配与衔接	校色效果
6	为元素制作合理的阴影与遮挡效果	更协调的画面
7	整体校色与修饰处理，并添加应有的效果	整体效果
8	保存效果图并注释	完成效果图

（3）项目制作要求与考核评分标准

序号	制作内容		要求	难度	分数
1	设计方案	方案设计合理	必做	★★	15
2		构图思路合理	必做	★	10
3	制作效果	画面元素光感和色调一致	必做	★★★	20
		透视关系正确，匹配度较好	必做	★★★	20
		画面元素间有正确的阴影和遮挡关系	必做	★★	10
4		画面清晰亮丽，有细节	必做	★★	10
5		整体效果好，有深度和层次感	必做	★★	15
备注	项目任务书课提前发放，让学生提前预习准备				

（4）室内设计效果图后期处理

① 室内效果图后期处理前的准备工作

a. 导入效果图

启动Photoshop CS6。点击"文件"—"打开"，打开需要后期处理的"室内效果图"。

b. 存储文件

为了避免原图被误修改，点击"文件"—"另存为"（Shift+Ctrl+S）将原图再保存一份。万一后面的修改效果不理想，可以利用原图重新编辑处理。

c. 分析图面

在对效果图进行编辑之前，我们应先仔细观察图面，分析图面出现的问题，并考虑解决问题的办法。下面我们就来观察一下这张"室内效果图"，如图3-98所示。

图3-98

通过观察，我们发现这张图存在多处问题。首先，从大的方面来看，该张效果图画面效果过于平淡，缺乏画面层次和变化，整体的亮度较弱，色彩倾向性不明显。其次，从局部细节来看，该图在渲染过程中还出现了一些错误，如：画面的材质质感不明显、虚光灯带色度不明显等。最后，从画面的装饰效果上看，该图画面中的配景与配饰不足，使得画面的效果过于单调，空间层次不明显，空间缺乏质感。

② 室内效果图初步效果处理

在这一环节主要做两部分的工作，即初步调整效果图整体亮度和初步调整效果图整体色彩。这里我们主要采用增加调整图层的方式来改变图面效果，目的就是在不损失原始图面的情况下调整图像，更主要的是，便于后面再次调整图像。

a.初步调整效果图整体亮度

点击"图层面板"底部的"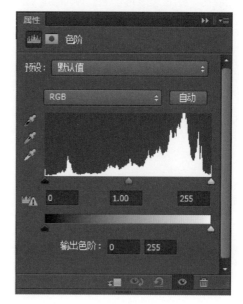"按钮，选择"色阶"命令，打开"色阶"对话框，调整"黑、白、灰"三个滑块，如图3-99所示。

调整完成，如图3-100所示。

图3-99

图3-100

图3-101

b.初步调整效果图整体色彩

图面色彩的调整主要是图面色彩倾向方面和图面色彩饱和度方面的调整。

点击"图层面板"底部的"⊙"按钮，选择"色彩平衡"命令，打开"色彩平衡"对话框，调整对话框上的"色彩滑块"，如图3-101所示。

调整完成，如图3-102所示。

图3-102

③ 添加配景与配饰

a.添加室外背景

打开"渲染效果图"和"背景图"，如图3-103所示。

图3-103

图3-104

图3-105

　　双击解锁图层，将"渲染效果图"图层再复制一个，如图3-104所示。

　　移动"窗外背景图"，将"窗外背景图"放置在"渲染效果图"的下方，如图3-105所示。

　　选择"多边形套索"工具，将选择模式设为"加选"。点击效果图"窗玻璃"的位置，将所有玻璃选取，如图3-106所示。

　　删除选择界面，这时背景添加的"风景图片"就显示出来了，如图3-107所示。

图3-106

图3-107

图3-108

但是，因为"风景图片"过于清晰，无法表现出空间的距离感。因此我们需要对"风景图片"进行一下编辑，使其与空间产生距离感。

点击"窗外背景图"图层，选择"调整"—"自然饱和度"，适当降低"窗外背景图"图层的饱和度。选择"滤镜"—"高斯模糊"，将"高斯模糊"的"半径值设为1.5"，降低"窗外背景图"的清晰度，完成效果如图3-108所示。

b.添加配饰

"配饰"，对于室内空间来讲，是一个不可或缺的部分。它可以起到修饰空间，烘托空间氛围的作用。通过前面的分析我们知道这幅效果图的图面之所以看起来平淡、单调、缺乏层次，其中一个原因就是空间的配饰过少，缺乏陪衬和点缀。下面我们就来处理如何为空间添加配饰。

在添加配饰时需要注意的是，配饰虽然能起到修饰空间的作用，但其始终是陪衬、点缀，只是为表现空间服务的，其体量一般不可过大、过多，不能过于抢眼，如果配饰添加的过多，就会失去修饰空间的作用，喧宾夺主了。

我们主要运用"自由变换工具"对装饰素材进行修整布置。首先打开效果图，观察图像，发现图中的电视背景墙的壁柜和餐桌的桌面较空，我们需要添加一些装饰品，来丰富空间。

④ 添加植物

打开"植物"图片，如图3-109所示。

图3-109

从上面的图片中可以看出，这张"植物"图片有两个图层，植物位于透明图层，所以可以像普通透明图片一样，将植物直接拖到效果图上，如图3-110所示。

图3-110

点击"Ctrl+T",进入自由变换编辑状态,将其缩放至合适大小,如图3-111所示。

图3-111

为了便于后面制作盆景的阴影,点击"Ctrl+J",将"植物图层复制一层"备用。
点击"矩形选框工具",将盆景被墙体遮挡的部分框选上,框选区域如图3-112所示。

图3-112

在选区框选的情况下，点击"Delete"将选区内的多余图像部分删除，并调整盆景的位置，如图3-113所示。

图3-113

为了使盆景溶于后面的窗帘背景，与前面的物体拉开层次，可以稍微降低所在图层的"不透明度"，将"不透明度"调整为"80%"，结果如图3-114所示。

图3-114

这样前后就有了一定的层次，但还有些不够，盆景仍显得有些过暗，与空间的整体光感不是很符合。我们可以利用新增调整图层方式调整盆景图层的饱和度和明度。

我们首先载入盆景选区，点击"图层"栏上的 按钮，选择"色相饱和度"选项，如图3-115所示。

调整后的效果如图3-116所示。

选择盆景所在图层，用"减淡"工具 分别将盆景植物的右侧及顶部提亮一些，以反映出吊灯及窗外阳光的影响。选择"加深"工具，将花盆适当加深，使盆景更具立体感。调整后的效果如图3-117所示。

图3-115

图3-116

图3-117

下面我们来为盆景添加阴影。打开并选择前面复制的另一个盆景图层，如图3-118所示。

图3-118

　　"Ctrl+T"进入自由变化状态，点击鼠标右键选择"扭曲"命令，移动控制点，将盆景调整为地上影子的状态，如图3-119所示。

图3-119

按"Enter"键确认命令，将阴影的亮度、对比度降为最低，将其变为黑色。使用"高斯模糊"滤镜，使其变得模糊，如图3-120所示。

图3-120

参照周围家具阴影的亮度，将盆景阴影调整与周围环境一致，结果如图3-121所示。这样添加植物与阴影的工作就完成了。

图3-121

f.添加装饰品

打开装饰品文件，点击"窗口"—"排列"—"双联垂直"，将装饰品文件与效果图文件同时显示，如图3-122所示。

图3-122

选择好合适的装饰品，点击"移动"工具![移动工具]，按住鼠标左键，将所选装饰品"靠垫"拖拽到效果图文件中，如图3-123所示。

图3-123

将"效果图"文件单独显示，点击"Ctrl+T"，进入自由变换编辑状态，将装饰品"靠垫"缩放至合适大小，并将其放至合适的位置，如图3-124所示。

图3-124

复制两个"靠垫"图层，点击鼠标右键，选择"扭曲"命令，进入"扭曲"变换状态，按住"Shift"键，分别移动调整控制点，使其符合效果图中的透视关系，如图3-125所示。

图3-125

利用"多边形套索"工具 ，框选上"靠垫"被沙发的遮挡位置，将其修剪掉，如图3-126所示。

图3-126

点击"Ctrl+U"键，打开"色相/饱和度"对话框，分别调整"靠垫"饱和度和明度，使其具有真实的光线层次变化。点击"减淡、加深"工具 调整细节光影变化。最终调整效果如图3-127所示。

图3-127

室内设计师岗位技能——Photoshop CS6实训教程

为了表现出真实底光影效果，下面我们为"靠垫"，添加阴影。

在图层面板上，点击"靠垫"所在图层，点击图层面板底部的"特效"按钮 ，选择"投影"命令，进入"图层样式"对话框，为"装饰品"图层设置"光源角度、投影距离、投影颜色"等参数，如图3-128所示。

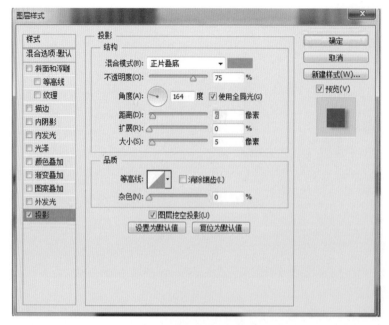

图3-128

结果，如图3-129所示。

图3-129

利用以上的方法为空间中的其它部分添加合适的配饰，最终的效果如图3-130所示。

图3-130

⑥ 光效制作与修整

a.制作发光灯槽

在效果图的修改中，有时会需要制作一些比较特殊的灯光效果，如暗藏灯带和局部光晕等。这些效果如果在3D Max中制作会耗费大量的时间，因此有些时候会用Photoshop软件来替代处理，以提高制图的速度。

在这里我们将采用"滤镜插件"—"Eye Candy 4000（水滴）"来制作模拟"发光灯槽"。

小提示：滤镜插件安装

"滤镜插件—Eye Candy 4000（水滴）"是Photoshop软件的外接插件，需要将其安装到Photoshop软件中才可使用。

首先点击运行Eye Candy 4000软件包中的"安装滤镜eyecandy注册表项"文件，再将"滤镜EyeCandy4000"文件复制到Photoshop CS6的安装目录"Plug-ins（增效工具）—Filters（滤镜）"文件夹下即可。启动Photoshop CS6后，就可在"滤镜菜单下"看到Eye Candy 4000（水滴）了。

首先打开"效果图"，我们需要在吊顶上方的灯槽位置制作"发光灯槽"。点击效果图的"背景"图层，选择"魔棒"工具，选择"连续"模式，按住"Shift"键，分别单击各段"灯槽"，如图3-131所示。

图3-131

点击"Ctrl+J"键，复制选区，并新建立一个图层。按住"Shift+ Ctrl+]"，将新建的图层移动到顶层，按住"Ctrl"键，单击图层面板中图层的缩览图，重新载入"灯槽"选区，修改图层名称为"发光灯槽"，如图3-132所示。

图3-132

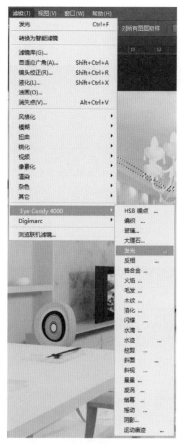

选择"滤镜"—"Eye Candy 4000(水滴)"—"发光",如图3-133所示。

进入"发光滤镜"界面,在"颜色"面板中设定灯光颜色为"白色",在"基本"面板中设定"发光宽度1、柔和转角23、不透明度100",取消勾选"仅在选择区外部绘制",在右侧的"预览窗口"中,可见灯光的设置效果,如图3-134所示。

点击"确定",结束灯光设置,如图3-135所示。

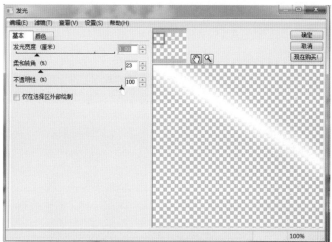

图3-133   图3-134

图3-135

　　我们发现做完后的灯槽灯光有些地方出现了重叠，光晕有些过大，颜色过白，与画面的整体风格不太搭配，我们需要对其进行调整。

　　点击"历史记录"图标▣，回到"载入选区"，如图3-136所示。

　　进入"发光滤镜"界面，修改"基本"面板中参数"发光宽度0.2、柔和转角23、不透明度50、颜色调整为淡黄色"，点击确定。调整效果如图3-137所示。

图3-136

图3-137

　　b.修饰光晕效果

　　观察效果图，我们发现在效果图的吊顶和墙壁上几个筒灯的光晕效果过强，有些曝光，我们需要调整筒灯的光晕效果。

　　点击"效果图副本图层"，在该图层上选择"多边形套索工具"，在筒灯的下方绘制出"光晕选区"，如图3-138所示。

　　有时候我们没有办法一下子就绘制出满意的选区，这时我们可以先绘制出大致的范围，然后通过"自由变换"（Ctrl+T）工具，调整选区，如图3-139所示。

图3-138

图3-139

　　为了使制作的光晕边缘自然过渡，我们需要对选区的边缘进行"羽化"操作。按住"Alt+Ctrl+D"键，打开"羽化选区"对话框，设定"羽化半径为5"，如图3-140所示。

图3-140

　　"Ctrl+C"将选区复制。新建一个图层，改名为"光晕层"。"Ctrl+V"将选区粘贴到"光晕层"。将新建的"光晕层"移动到筒灯的光晕处，进行遮挡。如图3-141所示。

图3-141

按"Ctrl+T"，使用"自由变换"工具，使其与墙面的透视保持一致，如图3-142所示。

图3-142

在图层面板调整"光晕层"的不透明度为"80%"，并将其移动至合适的位置。通过添加一个新的图层，使得底部的原光晕通过"光晕层"显示出来，曝光的光晕效效果就会得到减弱。调整效果如图3-143所示。

图3-143

利用同样的方法，将沙发背景墙上的光晕也修改过来。调整效果如图3-144所示。

图3-144

⑦ 局部修整

前面我们为效果图添加了一些配饰，制作了一些光晕效果，这些都是"效果图后期处理"阶段工作中的一方面。还有另一方面，即图中存在错误和不足并未得到修正，下面我们就来进一步完成效果图的局部修整工作。

a. 修整局部色彩

通过观察我们看到该效果图中的光源采用的是暖黄色色调，图中物品由于受到暖黄色渲染光源的影响，都呈现出黄色的光感。部分白色的物品也具有了黄色的色调，失去了自身的固有色，如图中墙壁上的"白色画框"，如图3-145所示。

其中，"白色画框"因为渲染光源的影响失去了固有色，使墙壁区域的光感过暗，没有体现出木质材料的质感。下面我们就用图像调整的方式来修整画框的偏色。

进入"效果图副本"图层，选择多边形套索工具，选中画框的区域，如图3-146所示。

右键复制选区，按住"Ctrl"键点选复制后的选区，重新载入选区。点击"Ctrl+M"，激活"调整曲线"命令。在曲线工具栏中，点住明度部分曲线，向上拖拽，点击确定。使画框还原为"白色"，如图3-147所示。

图3-145

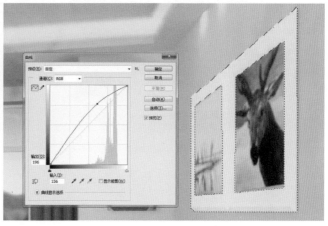

图3-146 图3-147

b.调整材质质感

通过观察我们看到该效果图中部分家具的材质由于渲染问题，并没有体现出真实的材质效果，如图3-148中的"沙发"，我们就无法确定它的材质是布艺还是皮革。窗帘的材质过于沉闷，没有体现出材质的质感，这些都会影响效果图的最终表现效果，应分别予以调整。

图3-148

进入"效果图副本图层",用魔棒工具选中沙发的"底座"区域,如图3-149所示。

图3-149

将选区复制到新图层"沙发底座"层,打开一张"皮革.psd"材质文件,使用"移动"工具把该文件拖拽至"沙发底座"层中,如图3-150所示。

图3-150

将新建的"皮革材质"层拖至"沙发底座"层的下方，并把"皮革材质"层的混合模式改为"叠加"，沙发底座立刻有了真实的纹理，如图3-151所示。

图3-151

这是需要利用选择工具将"沙发底座"以外的区域框选并删除掉。最终效果如图3-152所示。

图3-152

虽然现在有了皮革的纹理，但是颜色显示过重，我们需要对其进一步的调整。

首先把"皮革材质"层的混合模式改为"柔光"，调整"皮革材质"的自然饱和度，降低色彩的饱和度。最终效果如图3-153所示。

图3-153

利用同样的方法为"窗帘和沙发垫"分别添加上纹理贴图。最终效果如图3-154所示。

图3-154

⑧ 整体调整

至此细部的调整可以告一段落了，接着就是对图像进行再次的整体调整。选择"效果图副本图层"，单击图层面板上"调整图层"图标，在弹出的选项中选择"色阶"。在弹出的"色阶"对话框中调整参数为"21、1.33、255"，如图3-155所示。

图3-155

从图3-155中可以看出，整体的光感有所加强。采用"调整图层"的命令和"图像"—"调整"的命令作用相同，唯一不同点在于"图像"—"调整"的命令只能对单个图层起作用，而"调整图层"的命令可以对其下方所有图层起作用，这样就可以不合并图层而同时对所有图层起作用。

⑨ 出图

a.合并图层

按"Ctrl+Shift+E"组合键合并所有可见图层，此时图层自动命名为"色阶1"图层，如图3-156所示。

复制"色阶1"图层，选择"图像"—"调整"—"可选颜色"命令，在"颜色"下拉框中选择"白色"，并调整参数如图3-157所示。

图3-156

图3-157

从图3-158所示的效果中可以看出，之前偏黄的墙体色彩显得更为纯净了。

图3-158

b.锐化图像

锐化图像，可以提高图像的清晰度，但通常不在编辑过程中进行，以免影响后续的编辑质量。所有工作完成了，在裁剪之前进行锐化较为适当。

选择"滤镜"—"锐化"—"USM锐化"命令，使整体图像显得更为精致，设置锐化参数如图3-159所示。

图3-159

c.输出图像

按住"Shift+Ctrl+S"打开"另存为图像",这时会弹出"另存为"对话框,选择图像的文件格式,用于打印选择图像模式"jpg、tif"。

如果选择"jpg"模式,这时会弹出"图像品质"对话框,在这里可以针对图像的"大小、品质"进行选择,等级为"0~12",等级数值越大,品质越高,文件越大。

最后输入文件名,图像输出完成。

项目3:室内软装配饰设计方案制作

(1)项目介绍

软装,即在商业空间与居住空间中所有可移动的元素统称软装。它是关于整体环境、空间美学、陈设艺术、生活功能、材质风格、意境体验、个性偏好,甚至风水文化等多种复杂元素的创造性融合。

软装设计中的元素包括家具、装饰画、陶瓷、花艺绿植、窗帘布艺、灯饰、其它装饰摆件等。软装范畴包括家庭住宅、商业空间,如酒店、会所、餐厅、酒吧、办公空间等等,只要是有人类活动的室内空间都需要软装陈设。

室内软装配饰设计方案的制作,有别于室内效果图的绘制。它的设计方案是一种借助空间装饰元素的组合与叠加所表现出的一种平面化的设计,如图3-160所示。

图3-160

室内软装配饰设计方案的绘制软件主要有Photoshop、CorelDRAW和美间,Photoshop、CorelDRAW软件分别是位图处理和矢量图处理的能手,在各自领域应用广泛。美间软件是随着软装行业发展起来的一种专门用于制作软装配饰方案的软件。这几种软件都可以绘制出优秀的设计方案,不过相对而言,采用美间软件制作设计方案比较方便简单,也更有效率,尤其是后台所提供的丰富的素材库,使设计师可以更加便捷地制作设计方案。考虑到本书篇幅,在这里只讲解Photoshop软件绘制室内软装配饰设计方案的方法。可以肯定的是使用Photoshop绘制虽然步骤略显繁琐,但是在技法更为简单，图像效果上更为丰富。至于CorelDRAW和美间的绘制方法，读者可以自己去尝试。

① 前期准备

（a）阅读本项目任务书

（b）对室内软装项目进行分析，明确软装配饰方案的制作要点

② 案例覆盖技能点

（a）Photoshop CS6软件的基本操作方法

（b）图像元素的创建、编辑、调用等应用

（c）图形的制作与调整

（d）图层的基本操作与应用

（e）字体的制作与编辑

③ 推荐案例完成时间

12课时

（2）制作思路与流程

工序	实施内容及要求	步骤结果
1	方案风格的设定及元素的选取	确定制作思路
2	方案界面制作	完成方案背景
3	方案元素处理	抠图提取元素
4	方案元素组合（风格、色彩）	组成基本的方案构图
5	配景元素的添加与制作(文字、图形)	图形文字添加
6	整体校色与修饰处理，并添加应有的效果	整体效果处理
7	保存方案并注释	完成方案图

（3）项目制作要求与考核评分标准

序号	制作内容		要求	难度	分数
1	设计方案	方案构思合理，设计得当	必做	★	5
2		方案整体把握完整，构图比例恰当	必做	★★	10
3	制作效果	画面元素风格一致，选择合理，运用得当	必做	★★★	15
		画面元素比例关系正确，匹配度较好	必做	★★★★	20
		画面元素光感和色调一致	必做	★★★	15
4		画面清晰亮丽，有细节	必做	★★	10
5		整体效果好，有深度和层次感	必做	★★	15
6	最终效果	图像整体效果处理得当，文件保存、输出格式正确	必做	★	5
7		能够完成课上练习任务，出勤情况良好	必做	★	5
备注	项目任务书课提前发放，让学生提前预习准备				

（4）室内软装配饰设计方案制作

① 方案风格的设定及元素的选取

a.方案风格的设定

室内软装配饰风格的设定，其重点在于设计。室内的环境布置、家居元素的合理搭配，各种风格的布置就在于这些设计的变动。一般好的室内软装设计方案，几个小摆件的不同布局就能给你不一样的家居生活体验。

本项目以"北欧风格的客厅"为主，借助Photoshop CS6软件来制作具有"北欧风格"的软装配饰设计方案。

b.元素的选取

根据方案设定的"北欧风格"，我们可以通过一些专业的素材网站来获取我们需要的元素，也可以通过家具合作厂家所提供的素材来进行我们方案的制作。

下面打开"室内软装素材库"，找到"北欧风格"文件夹，在这里选取我们需要的素材。

既然我们做的是客厅，我们首先就要确定客厅中哪些配饰是空间的主体元素。所谓的主体元素，其实就是可以影响或主导我们空间风格的元素。

客厅空间中的主体元素可分为沙发背景墙和电视背景墙，这两种元素都可以作为我们此次方案的元素主体。在这里各位读者要注意，虽然它们二者都是主体元素，但最好不要同时出现在画面中，避免画面中同时出现两个主体的情况，从而影响画面的主次关系。

② 方案界面制作

选好素材后，我们就要根据方案设定的风格，制作合适的方案界面。

首先，新建一张A3（297×420）大小，分辨率300，背景色为白色的空白底板。"Ctrl+S"保存新建的方案界面，双击背景层将其解锁，并将图层名称修改为"北欧风客厅配饰方案"。其次，打开标尺，初步分割出画面的主次关系，确定画面的构图关系，如图3-161所示。

图3-161

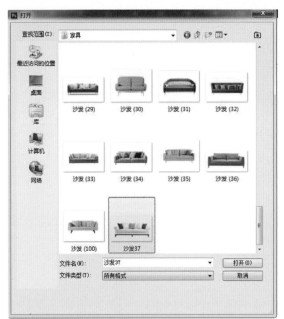

图3-162

③ 方案元素组合

a.元素选择

选择"文件"—"打开"在"室内软装素材库—风格—家具"文件夹，选取合适的"沙发元素—沙发37"，如图3-162所示。

点击"移动工具"将"沙发37"移动至画面的中心，"Ctrl+T"调整大小，如图3-163所示。

图3-163

b.元素色彩的运用及组合

在选择后续的"客厅家具"元素时，我们需要根据设计风格从色彩、家具组合等方面入手考虑元素。在这个项目中我们采用"类似色"的搭配方式来组合画面的元素。

"类似色"就是色彩较为相近的颜色，它们不会互相冲突，所以在房间里把它们组合起来，可以营造出更为协调、平和的氛围。这些颜色适用于客厅、书房或卧室。为了色彩的平衡，应使用相同饱和度的不同颜色。

下面我们接着选择其余的"客厅家具"元素，将它们分别布置在"沙发"的周围并根据比例调整好大小，如图3-164所示。

图3-164

c.元素的构成与组合

下面我们开始布置"客厅"的"背景元素"。"背景元素"一般分为两个部分，一部分是"客厅"的"背景元素"，这一部分元素主要指空间中的"墙面、地面"等装饰面积较大的装饰元素。另一部分"背景元素"是指"软装方案"的"背景元素"，这一部分元素主要是指为了丰富"方案画面"所添加的一些"色块、文字、背景"等设计元素。

根据设计方案我们首先来添加"客厅"的"背景元素"，效果如图3-165所示。

图3-165

　　添加"地毯"元素，因为要放置在地面上，所以最好做出带有"透视"的效果，这样可以使画面更具有立体感。

　　选择合适的"地毯"元素，将其移动至画面的合适位置，按"Ctrl+T"单击右键"透视"—"缩放"，调整出合适的视角，最终效果如图3-166所示。

图3-166

　　做到这里我们的方案中的主要元素已经都布置完成，空间的效果已初具规模。下面我们为客厅中再添加些配饰，使画面的层次更加丰富。

　　点击"文件"—"打开"在"室内软装素材库—风格—配饰、灯具"文件夹，选取合适的"配饰元素"，添加效果如图3-167所示。

图3-167

④ 配景元素的添加与制作

软装配饰的方案设计不仅仅是将空间中的家具布置好，还需要在方案界面上体现出风格要素的信息，甚至是设计方案的说明。下面我们就利用"文字和图形"工具为这个方案添加一些配景说明元素。

首先，将"背景元素"图层前的小眼睛关闭，这样可以便于我们更好地确定文字元素所处的位置。我们需要利用"标尺"工具将"文字" T 的大概范围确定出来，如图3-168所示。

图3-168

点击"文字"—"直排文字"  ，在画面上拖拽出"书写框"，如图3-169所示。

图3-169

在"字体设置面板",我们可以设定字体的"样式、大小、颜色、形状"等,字体参数如图3-170所示。

图3-170

输入文字"Northern Europe",点击"确定",结束文字输入,如图3-171所示。

图3-171

如果对字体的大小和样式不满意,可以对其进行再次的修改。点击"文字"工具,选中要修改的字体,如图3-172所示。

图3-172

在"字体设置面板"上修改字体的格式和大小，并调整其位置，如图3-173所示。

图3-173

复制字体图层，将复制后的文字缩小，变换一种字体，将复制的字体分别放置在字体的中间和下方。取消隐藏图层，观察画面的效果，如图3-174所示。

图3-174

软装配饰方案上有时也会放置配饰方案中提取的色块，用以说明整体设计中的色

彩搭配方案。这部分我们可以采用"矩形工具（图形绘制）"

工具来完成。

点击"多边形工具"（图形绘制）—"椭圆工具"，按住"Shift"键点住鼠标，在画面上绘制出一个"正圆"，如图3-175所示。

图3-175

绘制完成后我们看到这并不是我们需要的图形，我们需要对其进行修改。点击"图形工具绘制栏"，将填充模式修改为"纯色"，描边修改为"无"，修改形状大小"230×230像素"，效果如图3-176所示。

图3-176

下面我们来修改图形的颜色。因为图形的颜色来源于方案中的配饰物品，所以它的颜色也最好是在画面上进行提取。

点击"吸管"工具，在图面上的地毯处点击一下，提取出地毯的颜色，将前景色的颜色变成我们提取的颜色，。一般情况下，接下来我们使用油漆桶工具，将前景色赋给图形就可以了。但是这种操作方式却不适用于"图形"。当我们点击油漆桶想将颜色赋给图形时，系统会提示我们是否要将"图形栅格化"和"不能对其操作"的提示，如图3-177、图3-178所示。

图3-177

图3-178

所以我们还要回到"图形工具绘制栏"，在这个上面为图形修改颜色。

点击"图形工具绘制栏"上的填充，打开后会看到我们刚刚拾取上的"地毯颜色"已经在"最近使用颜色栏"中出现，如图3-179所示。

图3-179

修改后的填充效果如图3-180所示。

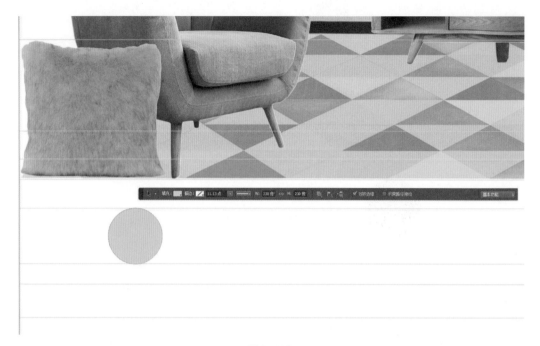

图3-180

将已绘制好的"圆"再复制四个，并分别利用"吸管工具"从"沙发、植物、窗帘及茶几"拾取颜色并填充，如图3-181所示。

图3-181

再次整体观察画面，我们看到画面的左侧空间过空，我们需要为其再添加一些辅助方案说明的元素，如图3-182所示。

图3-182

打开"样图3-4"，调整大小并将其放置在沙发的左上方，如图3-183所示。

图3-183

点击"多边形工具"（图形绘制）——"矩形工具"，在画面上绘制出一个"矩形"，并将其复制5个，如图3-184所示。

图3-184

分别利用"吸管工具"从"靠垫"拾取颜色并填充给"矩形"。这一处色块主要是为了体现出家具配景的主色调，如图3-185所示。

图3-185

利用"文字工具"，为方案补充剩余的文字说明。最终完成效果如图3-186所示。

图3-186

⑤ 图面处理

在该方案的制作中，我们应用了多种命令进行配合制作，从而使设计方案有了翻天覆地的变化。实际上在方案的制作中只需要学习如何应用各种工具和命令进行修改，至于图像的色调和整体光感及层次完全没有必要照抄各种参数。除了软件技法外，读者还要提高自己对色彩和构图的把握能力，这样就可以根据自己的审美眼光修改各种参数。如图3-187～图3-190即为采用相同的修改技法，但因为在构图和色彩把握上有一些细微的变化，从而得出的效果也不尽相同。

⑥ 保存出图

方案完成后，我们要将其保存，出图。按住键盘上的"Shift+Ctrl+S"键，选择"另存为图像"，这时就会弹出一个"另存为"对话框，在这个对话框中选择保存图像的文件格式。

一般用于打印选择图像模式多".jpg和.tif"。如果选择".jpg"模式，这时会弹出"图像品质"对话框，在这里可以针对图像的"大小、品质"进行选择，等级为"0～12"，等级数值越大，品质越高，文件越大。

最后输入文件名，图像输出完成。

图3-187

图3-188

图3-189

图3-190